Die Erben der Saurier
Im Reich der Urzeit

Tim Haines

Picture Designer **Daren Horley**

Aus dem Englischen von **Thomas Hag**

und **Felix Seewöster**

Wissenschaftliche Beratung

für die deutsche Ausgabe: **Martin Sander**

Die Erben der Saurier
Im Reich der Urzeit

:STYRIA

Die Deutsche Bibliothek –
CIP-Einheitsaufnahme

Die Erben der Saurier : Im Reich der Urzeit / Tim Haines. Aus dem Engl. von Thomas Hag und Felix Seewöster. Wiss. Beratung für die dt. Ausg.: Martin Sander. - Graz ; Wien ; Köln : Verl. Styria, 2001
Einheitssacht.: Walking with beasts <dt.>
ISBN 3-222-12813-8

Titel der englischen Originalausgabe: Walking with Beasts – A Prehistoric Safari

By arrangement with BBC Worldwide Ltd, London

Lizenzausgabe Verlag Styria
Graz Wien Köln

Redaktion: Susanne George
Produktion: Susanne Beeh
Cover Art Direction: Pene Parker
Umschlagbearbeitung: Alex Ziegler, Köln
Satz: Greiner & Reichel, Köln
Druck: Butler & Tanner Ltd., Frome
Printed in Great Britain
ISBN 3-222-12813-8

Besuchen Sie unsere Homepage:
www.verlagstyria.com

Umschlagbilder: © BBC Worldwide 2001 (vorne: Entelodonte und *Hyaenodon*; hinten: *Smilodon*)

Gigant im Schnee (SEITE 1)
Wenige Säugetiere der erdgeschichtlichen Vergangenheit sind so bekannt wie das Mammut, dessen Name zum Synonym für Größe geworden ist. Umso kurioser, dass es in Wahrheit kleiner war als der heute lebende afrikanische Elefant.

Vergessene Welten (SEITE 2–3)
Noch vor einer Million Jahren sah das tropische Südamerika vollkommen anders aus. Anstelle der Regenwälder erstreckten sich dort riesige Steppen, die von so eigenartigen Tieren wie der »rüsselnasigen« *Machrauchenia* und dem gepanzerten *Doedicurus*, einem Tier von der Größe eines Kleinwagens, bevölkert wurden.

Inhalt

Einführung

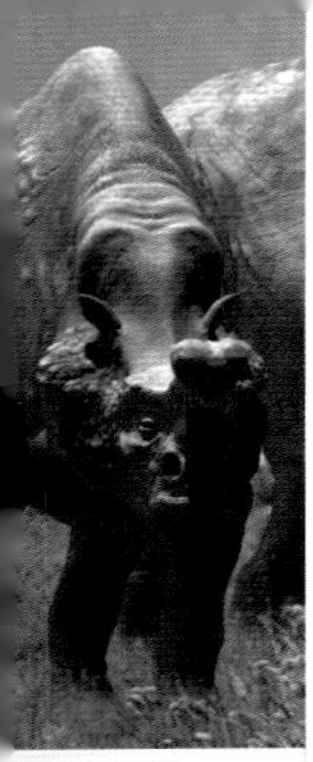

Die Erben der Saurier
Im Reich der Urzeit

Groß ist schön (VORHERIGE SEITE)
Die Brontotherien des ausgehenden Eozäns gehörten zu den ersten Säugetieren, die wahrhaft gigantische Ausmaße erreichten – ausgewachsene Exemplare hatten etwa die Größe eines Elefanten.

Sollte sich Hollywood jemals an die Verfilmung der Erdgeschichte machen, so käme dabei wahrscheinlich ein Dreiteiler heraus. Der erste Teil würde das geheimnisvolle Paläozoikum mit seinen gigantischen Insekten und gepanzerten Fischen behandeln; Teil II wäre dem majestätischen Mesozoikum und der Herrschaft der Dinosaurier gewidmet; und im letzten Teil ginge es dann um das spektakuläre Zeitalter des Känozoikums und damit um die Säugetiere. Den Höhepunkt dieser Trilogie sollte, so könnte man meinen, der letzte Teil darstellen, behandelt er doch eine Ära, die unmittelbaren Einfluss auf die Entwicklung des Menschen hatte. Doch mit einiger Sicherheit wären es die Dinosaurier des zweiten Teils, die die meisten Zuschauer ins Kino locken würden. Ungeachtet der Tatsache, dass das jüngere Erdzeitalter des Känozoikums gleichzusetzen ist mit der Evolution aller größeren Säugetiergruppen und der Entstehung unserer modernen Welt, ist diese Ära nie Thema der populären Kultur geworden. Die Erwähnung von Säbelzahntigern, Mammuts und Neandertalern mag zwar ein verständiges Kopfnicken hervorrufen, doch aus irgendeinem Grund sind weder das gigantische *Indricotherium* noch der Furcht einflößende *Andrewsarchus* Kassenmagneten. Das war nicht immer so. In der viktorianischen Zeit, bevor Fossilfunde in Amerika einen Dinosaurier nach dem anderen wieder auferstehen ließen, stellten die urweltlichen Säugetiere *die* Sensation eines jeden Museums dar.

Die Erben der Saurier – Im Reich der Urzeit will diese vergessene Welt zum Leben erwecken. Die Tiere, denen der Leser in diesem Buch begegnet, sind um nichts weniger exotisch und faszinierend als die Dinosaurier – pelzige Giganten, die die Erde vor der Entwicklung des Menschen 60 Millionen Jahre lang beherrschten. Sie waren die monströsen Vorfahren eines Großteils derjenigen Tiere, die auch heute noch unseren Planeten bevölkern, von den noch an Land lebenden ersten Walen bis hin zum aufrecht gehenden Affen.

Das Känozoikum begann vor 65 Millionen Jahren mit einer Katastrophe, die die Dinosaurier nach 170 Millionen Jahren unangefochtener Herrschaft

Kein Entkommen
Eine Katastrophe von bisher unbekannter Ursache löste vor 65 Millionen Jahren ein Massensterben aus, dem selbst so Furcht erregende Dinosaurier wie *Tyrannosaurus* zum Opfer fielen. Doch auch andere Gruppen wurden stark dezimiert oder ausgelöscht. Die Säugetiere scheinen besonders anpassungsfähig gewesen zu sein, da sie überlebten.

über den Erdball auslöschte und als deren einzige Erben die Vögel zurückließ. Doch die Säugetiere traten nicht sofort ihre Vormachtstellung an. Es dauerte etwa fünf bis zehn Millionen Jahre, in denen in den dichten tropischen Wäldern, die nun den Erdball bedeckten, Tiergruppen wie Vögel und Reptilien recht erfolgreich waren. Die Zukunft jedoch zeichnete sich bei den Säugetieren ab – Fledermäuse, Pferde, Wale, Primaten, Nagetiere, Igel, Ameisenfresser und andere hatten ihren Ursprung in diesen dunklen, feuchten Wäldern. Die Säugetiere erwiesen sich als außerordentlich vielseitig, in ihrer Artenvielfalt lag der Schlüssel zum Erfolg.

Globale Veränderungen begünstigten diese Entwicklung. Die Plattentektonik verursachte das Auseinanderbrechen der riesigen, miteinander verschmolzenen Landmassen in mehrere Kontinente, auf denen sich eine je ganz eigene endemische Flora und Fauna entwickelte. Dort, wo – wie im Falle von Nord- und Südamerika – diese Kontinente sich wiederum mit anderen Landmassen verbanden, stießen endemische Populationen aufeinander und natürliche Selektion sorgte dafür, dass nur die anpassungsfähigsten Arten überlebten. Auch die Entwicklung neuer Pflanzenarten war im Känozoikum von Bedeutung. Blütenpflanzen verdrängten die älteren Koniferen und Farne und begünstigten die Evolution von Tieren wie Bienen und Früchte fressenden Fledermäusen. Verglichen mit den nimmersatten Dinosauriern entwickelten die Tiere nun recht spezialisierte Techniken der Nahrungsaufnahme. Und schließlich fand auch eine radikale Klimaveränderung statt, die wiederum Einfluss auf die Vegetation hatte. Bedeckten zunächst dichte Wälder den gesamten Erdball, wurden diese im Verlauf des Känozoikums immer lichter und wichen schließlich offenen Steppen. In den Äquatorregionen, einst durch ein gleich bleibendes Klima bestimmt, herrschten nun Jahreszeiten mit

Die Säugetiere erwiesen sich als außerordentlich vielseitig, in ihrer Artenvielfalt lag der Schlüssel zum Erfolg

Kampf um Vorherrschaft
Nach dem Aussterben der Dinosaurier rückten die Säugetiere nicht unangefochten an deren Stelle. Eine ganze Zeit lang waren riesige Fleisch fressende Vögel – direkte Nachfahren der Dinosaurier – die mächtigsten Raubtiere der Erde.

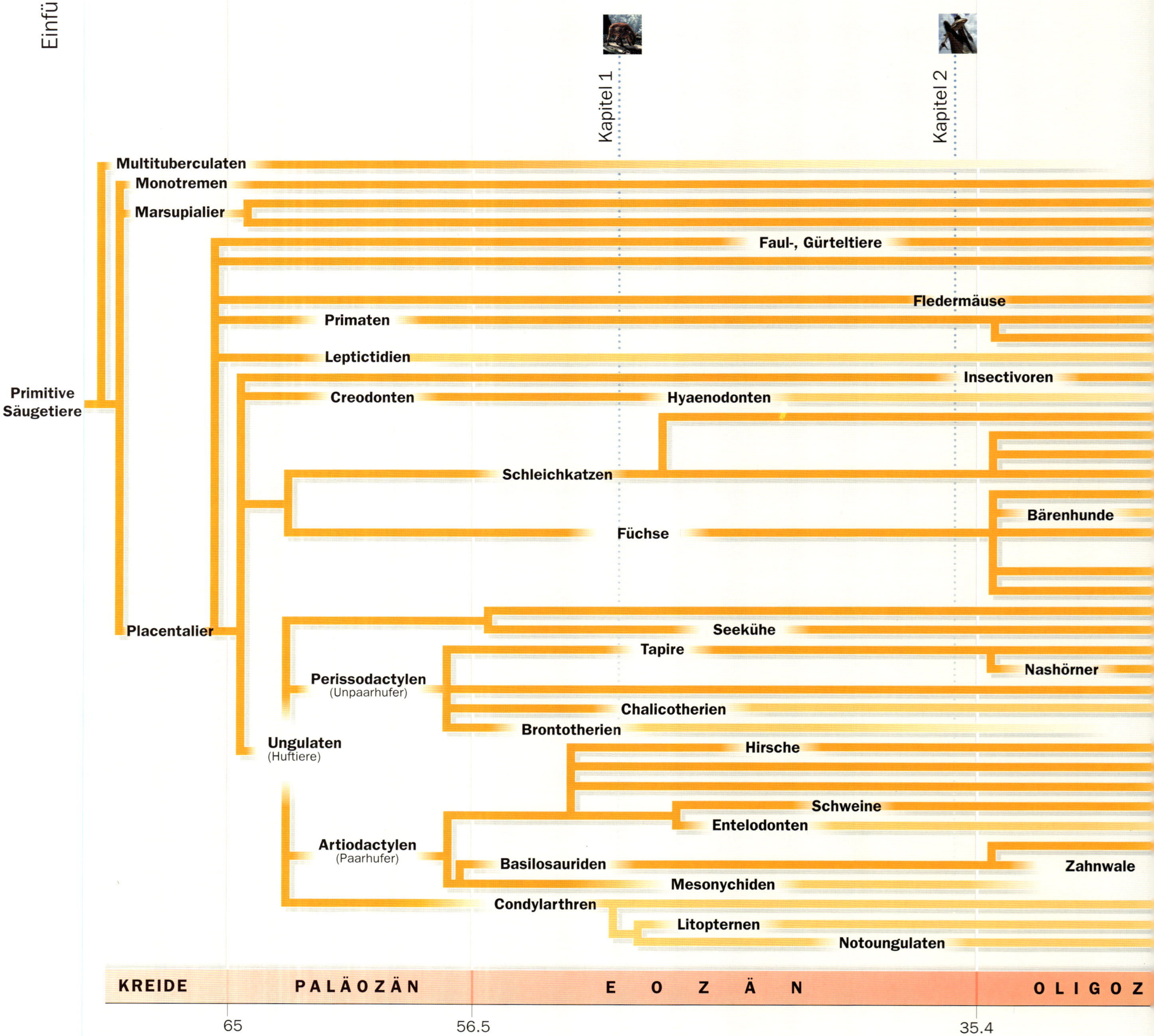
Kapitel 1
Kapitel 2
Multituberculaten
Monotremen
Marsupialier
Faul-, Gürteltiere
Fledermäuse
Primaten
Leptictidien
Insectivoren
Primitive Säugetiere
Creodonten
Hyaenodonten
Schleichkatzen
Füchse
Bärenhunde
Placentalier
Seekühe
Tapire
Nashörner
Perissodactylen
(Unpaarhufer)
Chalicotherien
Brontotherien
Ungulaten
(Huftiere)
Hirsche
Schweine
Entelodonten
Artiodactylen
(Paarhufer)
Basilosauriden
Zahnwale
Mesonychiden
Condylarthren
Litopternen
Notoungulaten
KREIDE
PALÄOZÄN
E O Z Ä N
O L I G O Z
65
56.5
35.4

Haariger Stammbaum

In der Ära der Dinosaurier entwickelten sich zwar viele verschiedene Gruppen kleinwüchsiger Säugetiere, von denen aber nur drei überlebt haben: die Eier legenden Monotremata oder Kloakentiere, die Marsupialia oder Beuteltiere und die plazentalen Säugetiere, bei denen sich der Embryo lange im Innern der Gebärmutter entwickelt. Während viele der auch heute noch lebenden Tiergruppen wie Fledermaus und Faultier überraschend alte Vorfahren haben, sind andere wie Seehund und Menschenaffe noch relativ jung. Die Ungulaten oder Huftiere bildeten von jeher eine große Gruppe mit eigenen Raubtiergruppen wie den im Oligozän ausgestorbenen Mesonychiden. Heute werden die Fleischfresser von der Gruppe der Carnivora dominiert, zu denen Hunde, Katzen, Walrosse und Wiesel gehören.

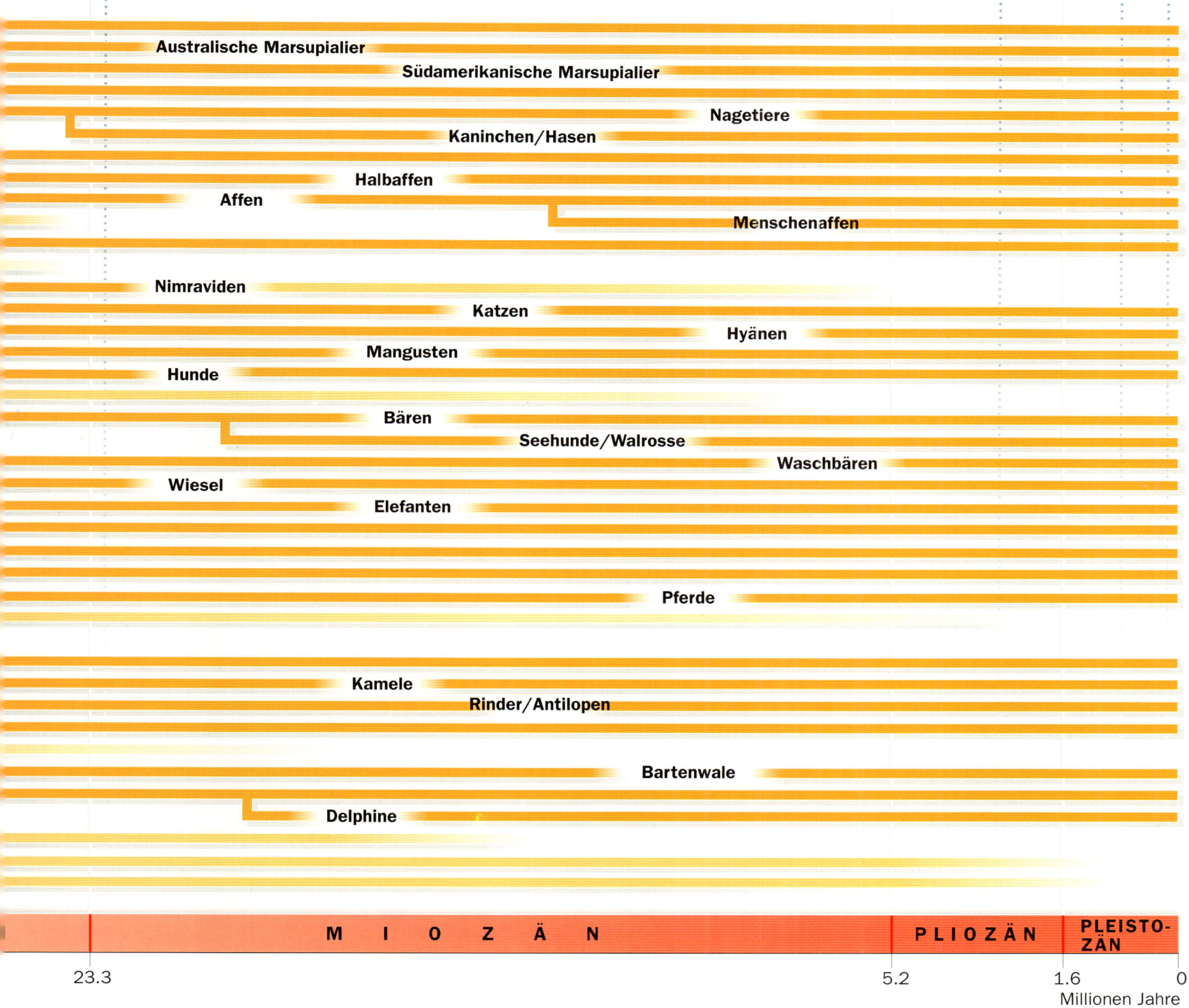

Vom Treibhaus zum Kühlhaus

Nach der Ära der Dinosaurier war die Erde einigen radikalen Veränderungen unterworfen, aus denen die Säugetiere jedoch gestärkt hervorgingen. Nach dem Massensterben am Ende der Kreidezeit stiegen die globalen Temperaturen im Eozän auf durchschnittlich 28 Grad und begünstigten damit die Ausbreitung tropischen Regenwalds auf allen Kontinenten. Die Isolierung der Antarktis setzte dann allerdings eine Kettenreaktion in Gang, durch die die Temperaturen rapide absanken. Die Wälder wurden lichter, es bildete sich Inlandseis und die Säugetiere wurden schneller und größer. Im Oligozän und fast im gesamten Miozän stiegen die Durchschnittstemperaturen immer wieder leicht an, bevor sie erneut signifikant abfielen. Mit zunehmender Kälte wurde das Klima auch trockener, sodass selbst in den Tropen die Regenwälder gefährdet waren. Schließlich mündete die Abkühlung der Erde in die Eiszeiten, charakterisiert durch das zyklische Vordringen und Zurückweichen der Eiskappen. Es ist diese kalte Welt, die wir heute als normal empfinden.

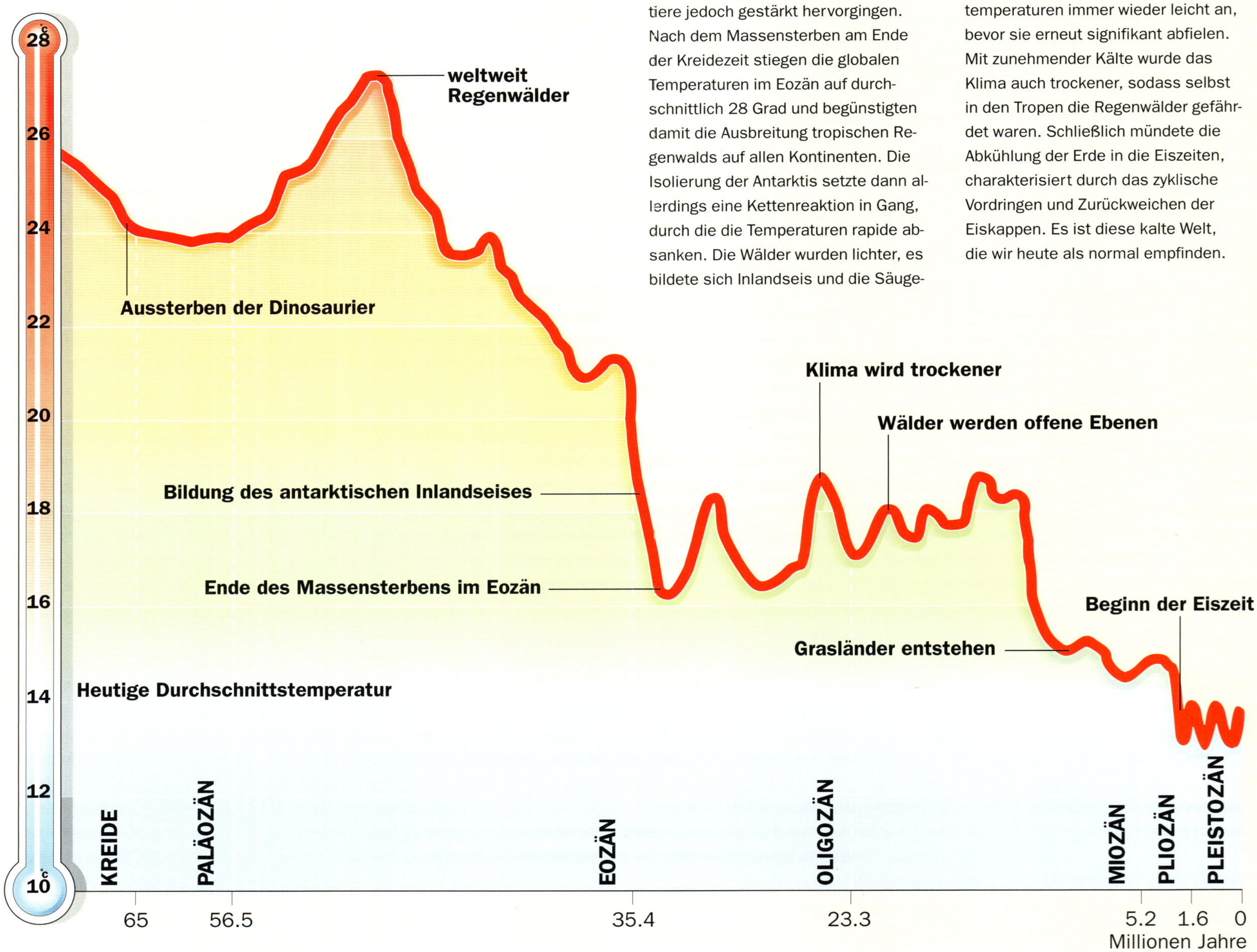

deutlich unterscheidbaren Wetterbedingungen. Und im Verlauf von Millionen von Jahren sanken die globalen Temperaturen stetig ab und bereiteten auf diese Weise schließlich eine Folge von Eiszeiten vor.

Aus all diesen Veränderungen gingen die Säugetiere als stärkste Gruppe hervor. Der Schlüssel zum Erfolg war ihre Anpassungsfähigkeit. Es mag überraschen, dass sich dies vor allem an ihren Zähnen festmachen lässt. Doch man muss sich vor Augen halten, dass die Paläontologie vor allem anhand der im Fossilbericht erhaltenen Zähne einzelne Säugetierarten zu unterscheiden vermag. Dabei zeigt sich, dass das Gebiss von Säugetieren variantenreicher und spezialisierter als das anderer Wirbeltiere war. Daraus lässt

Einst gab es Riesen
Diese riesigen Indricotherien waren die größten Säugetiere, die je an Land lebten – auch mit den Dinosauriern hätten sie es aufnehmen können. 30 Millionen Jahre früher waren ihre Vorfahren noch so klein, dass sie auf Bäumen herumturnen konnten.

sich schließen, dass sie verschiedenartigste Nahrungsquellen zu nutzen imstande waren. Eine weitere geradezu genial zu nennende Entwicklung der Säugetiere ist das Haarkleid, das sich auf lange Sicht als außerordentlich nützlich erwies, überstanden Tiere wie Moschusochse, Mammut und Wollnashorn doch selbst die grimmigsten Eiszeiten.

In der großen und vielseitigen Gruppe der Säuger entwickelte sich eine Untergruppe, der wir als Menschen besonderes Interesse entgegenbringen – die Primaten, die Gruppe also, aus der wir selbst hervorgegangen sind. Zur Zeit der Dinosaurier haben unsere Primatenvorfahren wohl noch nicht gelebt, aber 10 Millionen Jahre später, im Eozän, wurden die Wälder bereits

Kaltblütiger Killer
Mit dem Beginn der Eiszeit erwies sich das Fell der Säugetiere als äußerst nützlich. Diesen Höhlenlöwen schützte sein Pelz nicht nur vor Kälte. Die weiße Winterfärbung war auch eine hervorragende Tarnung.

von Lemuren ähnelnden Halbaffen bevölkert. Bäume waren der Schlüssel zum frühen Erfolg der Primaten. Die dreidimensionale Welt der Äste und Zweige des Känozoikums wurde zum Experimentierfeld, auf dem die Primaten ihre charakteristischen Eigenschaften entwickelten. Um Nahrung im Blätterdach finden und von Ast zu Ast springen zu können, benötigten sie gute Augen, Greifhände und die Fähigkeit zur Koordination der Bewegungen. Die Primaten perfektionierten diese Eigenschaften und schon bald gesellte sich zu den Prosimiern eine neue Gruppe – die Affen. Mit dem Zurückweichen der Wälder wären die Primaten wohl zurückgegangen, hätte die Evolution zu diesem Zeitpunkt nicht eine weitere Gruppe hervorgebracht. Die ihr angehörenden Arten waren schwerer, hatten keinen Schwanz und bewegten sich wahrscheinlich nur noch in den unteren Zweigen der Bäume beziehungsweise auf dem Boden – die Menschenaffen. Vor etwa 4 Millionen Jahren, in einer Welt, die nun vorrangig aus offenem Grasland bestand, entwickelte eine Primatengruppe den aufrechten Gang und stieg, wie viele andere Säugetierarten bereits zuvor, vollends von den Bäumen. Es waren dies die Hominiden, eine Primatengruppe, die bis auf eine Art heute ausgestorben ist – den Menschen.

Eine Primatengruppe begann aufrecht zu gehen und stieg, wie viele andere Säugetierarten bereits zuvor, vollends von den Bäumen

Da die Evolution nicht abgeschlossen ist, werden auch noch lange nach uns Kontinente bestehen, die diverse Lebewesen beheimaten und unter vollkommen anderen klimatischen Bedingungen funktionieren. Interessant jedoch ist die Frage, wie Paläontologen der Zukunft unsere gegenwärtige Epoche dereinst bewerten mögen. Festzuhalten bleibt auf jeden Fall, dass es – trotz der Sorge um die globale Erwärmung – auf der Erde seit Hunderten von Millionen Jahren nicht so kalt war wie jetzt. Hinzu kommt, dass dieses

Erdzeitalter aufgrund des in den Eiskappen der Pole gebundenen Wassers und der gegenwärtigen Meeresströmungen auch extrem trocken ist. Unter botanischen Gesichtspunkten ist es daher kein Zufall, dass unsere Landwirtschaft auf den Anbau von Getreide und die Aufzucht von Gras fressenden Tieren spezialisiert ist. Aufgrund des vorherrschenden kalten, trockenen Klimas stellen die Gräser wahrscheinlich eine der erfolgreichsten Pflanzengruppen der Erdgeschichte dar und dürften von einem Wissenschaftler der Zukunft als dominierender Organismus unseres Zeitalters bewertet werden.

Selbstverständlich ist nicht zu leugnen, dass der Mensch vor allem in jüngster Zeit entscheidenden Einfluss auf die Evolution genommen hat, vor allem durch die Schaffung von Lebensräumen, die für die Entwicklung bestimmter Organismen – wie Gräser, Ratten und Tauben – günstig, für andere

Eine neue Rasse
Der aufrechte Gang war das erste Merkmal, durch das sich die Hominiden von den Menschenaffen unterschieden. Möglicherweise entwickelte er sich aus der Notwendigkeit, angesichts des allmählichen Verschwindens der Wälder den Lebensraum Baum zu verlassen und immer mehr Zeit auf dem Boden zu verbringen.

Die Familiengeschichte des Menschen

Obgleich der Mensch erst relativ spät in der Erdgeschichte auftritt, reicht seine Familiengeschichte doch weit in die Evolution der Säugetiere zurück. Erste Primaten entwickelten sich zeitgleich mit vielen anderen Säugetierarten in den Wäldern des beginnenden Eozäns. Sie waren vermutlich nachtaktiv und ähnelten den Lemuren. Doch sie übernahmen nicht sofort die Herrschaft über die Erde. Die Evolution der Primaten brachte im Laufe des Eozäns eine Vielfalt von Arten hervor. Mit Beginn des Oligozäns traten die Affen auf, allem Anschein nach tagaktive Tiere mit ausgeprägtem Sozialverhalten. Während dieser Epoche entwickelten sich auch die Menschenaffen und bildeten gemeinsam mit den Affen und Halbaffen bis zum Auftreten der Hominiden vor 4,5 Millionen Jahren die Hauptgruppen der Primaten. Heute sind alle Hominiden ausgestorben – bis auf *Homo sapiens*, den Menschen selbst.

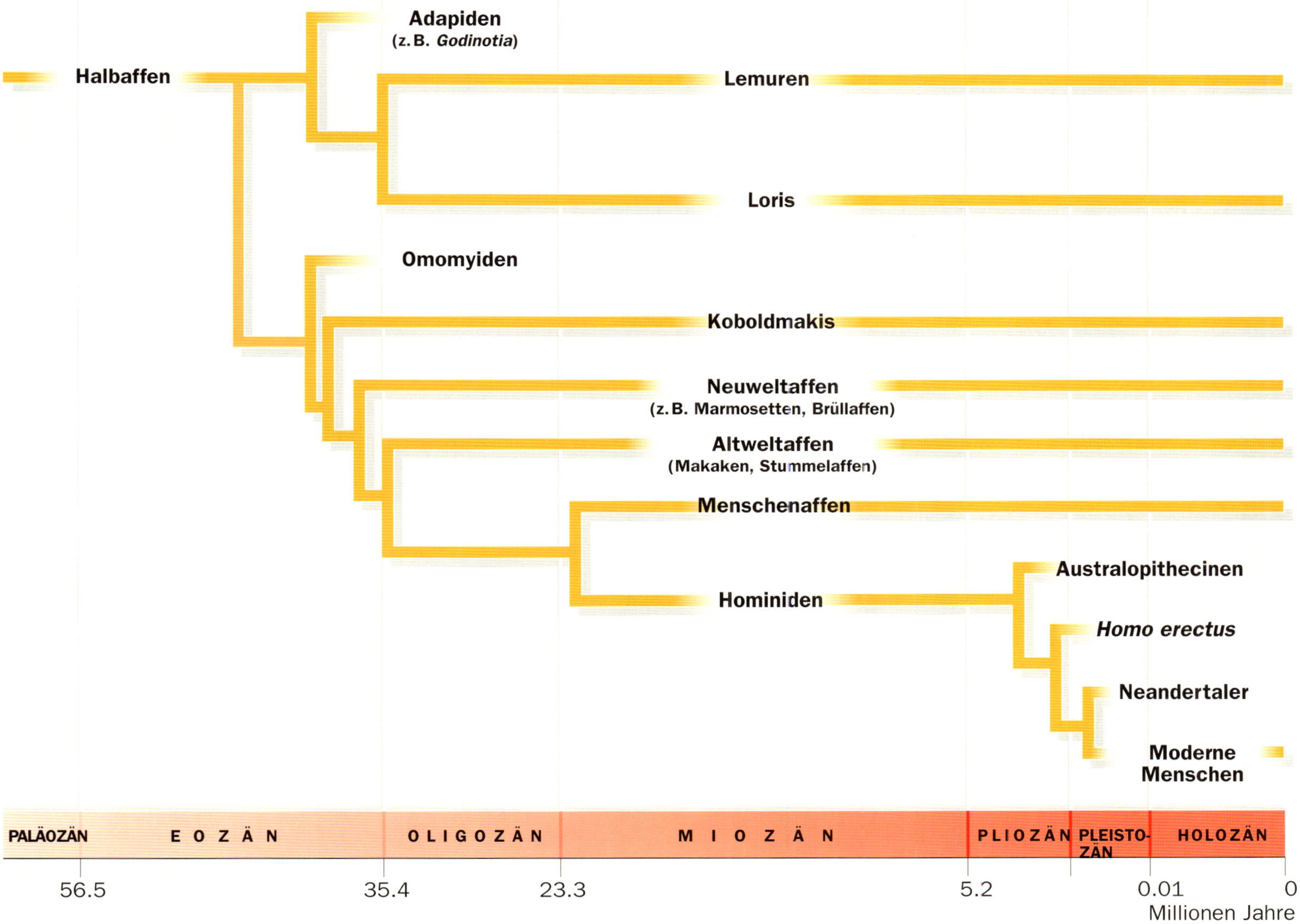

Katzenfutter
Die frühen Hominiden ließen noch nicht ahnen, dass ihre Nachfahren dereinst als mächtigste Raubtiere die Erde beherrschen würden. So war eine Säbelzahnkatze wie *Dinofelis* eine große Gefahr für den *Australopithecus*.

jedoch – wie Pandabären, Tiger und Nashörner – ungünstig sind. Doch noch ein weiterer Faktor ist charakteristisch für unser Zeitalter. Obwohl die Evolution im Känozoikum etliche Arten von sehr großen Säugetieren hervorbrachte, leben wir heute in einer Welt vergleichsweise kleiner Tiere. Innerhalb weniger Jahrtausende sind mit Ausnahme der Elefanten und Nashörner die Giganten unter den Säugern ausgestorben. Ist dies die Schuld des Menschen?

Diese Theorie mag zwar dem gegenwärtig vorherrschenden schlechten Gewissen in puncto Umwelt entgegenkommen, verliert aber an Wahrscheinlichkeit, hält man sich vor Augen, dass viele dieser Tiere ausstarben, als wir noch Felle anhatten und eine leichte Beute für hungrige Raubkatzen darstellten. Obgleich der Mensch zweifellos in jüngerer Zeit eine entscheidende Rolle gespielt hat, ist kaum vorstellbar, dass wenige Tausend Cro-Magnon-Menschen Hunderttausende von Mammuts ausgerottet haben könnten, vor allem, da es kaum Hinweise gibt, dass unsere Vorfahren überhaupt auf die Jagd nach diesen Tieren gingen. Andere Kräfte müssen am Werk gewesen sein. Der rasche Wechsel zwischen Eiszeiten und wärmeren Perioden könnte für die Selektion verantwortlich sein, da große Tiere mehr Probleme haben, sich verändernden Umweltbedingungen anzupassen. Doch welche Ursachen die Wissenschaft in der Zukunft auch für das Sterben der Giganten ausmachen wird, dass wir sie nicht mehr staunend bewundern können, bleibt ein Verlust. Vielleicht sind wir auch deshalb so fasziniert von den riesenhaften Tieren der Vergangenheit. Wenn dem so ist, hoffe ich, mit diesem Buch dem Leser zumindest eine Vorstellung davon vermitteln zu können, wie ein Leben unter Giganten ausgesehen haben könnte.

Obwohl die Evolution im Känozoikum etliche Arten von sehr großen Säugetieren hervorbrachte, leben wir heute in einer Welt vergleichsweise kleiner Tiere

1 Morgendämmerung

Unsere Welt vor 49 Millionen Jahren

15 Millionen Jahre sind seit der großen Katastrophe vergangen, die das Aussterben der Dinosaurier zur Folge hatte. Wir befinden uns im Eozän, der »Morgendämmerung der neuen Zeit«. Die Erde ist jetzt von ausgedehnten tropischen und subtropischen Dschungeln bedeckt. Meeresspiegel und Temperaturen sind hoch – in der Arktischen See könnte man baden, in Alaska gedeihen Magnolien. Blütenpflanzen sind weltweit verbreitet und die Wälder sind voller Früchte und Blumen. Unter den größeren Wirbeltieren lebt noch immer der Einfluss der Dinosaurier fort. Die Säugetiere hatten es nicht eilig, die vakante Nische zu besetzen; große Raubtiere haben sie bis jetzt nicht hervorgebracht. Stattdessen jagen nun in und an den Gewässern Krokodile und riesige Raubvögel durchkämmen die Wälder auf Jagd nach Beute. Aber die Säugetiere sind besser auf die Zukunft vorbereitet. Noch immer von kleiner Gestalt, haben sie begonnen, sich zu diversifizieren. In den Wäldern leben bereits die ersten Primaten, Nage- und Huftiere, Raubtiere und Fledermäuse.

5 Uhr morgens – Die Zeit der Stille Kurz vor Sonnenaufgang herrscht im Urwald des Eozäns nahezu vollkommene Stille. Um einen dunklen See türmt sich der Wald zu dichten grünen Wällen auf. Auf dem Rückweg zu ihren Schlafplätzen flattern ein paar große Fledermäuse lautlos durch die Baumwipfel. Das noch gedämpfte Summen der Insekten und vereinzelt erklingende Schreie der in den Baumkronen jagenden Primaten sind die einzigen Geräusche, die die Stille nur noch verstärken. Doch dann entstehen plötzlich wie aus dem Nichts kleine Wellen auf der Oberfläche des Sees und breiten sich rasch aus. Ein tiefes Grollen ertönt, kreischend erheben sich die Vögel aus den Bäumen, während die Säugetiere panisch durch das Unterholz huschen. Riesige Blasen zerplatzen auf dem Wasser und lassen eine kleine,

Riesige Blasen zerplatzen und lassen eine kleine faulig-weiße Gaswolke entstehen

Dolce Vita (VORHERIGE DOPPELSEITE) Die tropischen Wälder mit ihren Blüten und Früchten, die im Eozän die Erde bedeckten, bereiteten kleinen Säugetieren wie dem *Propalaeotherium* ein wahres Festmahl.

faulig-weiße Gaswolke entstehen, unter der der See eigenartig rot schimmert. Dann ist der Spuk wieder vorüber – es war nur ein kurzes Erdbeben, das die Bewohner des Waldes aufschreckte, doch für dieses Mal unversehrt zurückließ.

Die Erde bebt regelmäßig in dieser Region, da sich der See auf einer großen Insel inmitten des westlichen Tethys-Meeres befindet. Im Norden liegt der gigantische eurasische Kontinent, während im Süden Afrika nordwärts driftet. Dabei wird das Tethys-Becken allmählich zusammengedrückt und vulkanische Aktivitäten erschüttern die gesamte Region. Im See selbst liegen die Ursachen für die Blasen und Gaswolken. Mit seinen zwei Quadratkilometern und stellenweise einer Tiefe von mehr als zweihundert Metern birgt er ein dunkles Geheimnis. Auf dem Seeboden ist eine schwere Schicht kalten Wassers unter einer dicken Schicht wärmeren Wassers eingeschlossen. Das kalte Wasser ist voll gelösten Kohlendioxyds, das sich regelmäßig zu riesigen Gasblasen aufbaut, die an die Oberfläche aufsteigen können, wenn ein Beben die beiden Wasserschichten mischt. Der See stellt dadurch für die hier lebenden Tiere eine große Gefahr dar.

An diesem Morgen ist die freigesetzte Gaswolke nur von geringer Größe, dennoch können die Auswirkungen tödlich sein. Auf der Jagd nach einer Köcherfliege gleitet eine Fledermaus dicht über das Wasser hinweg. Als sie ihre Beute verschlungen hat, führt ihr Rückweg sie geradewegs in die Gaswolke hinein. Schon nach wenigen Metern fällt sie ins Wasser. Als die Wolke das bewachsene Ostufer erreicht, beginnt sie sich bereits aufzulösen. Ein *Palaeotis*-Weibchen auf seinem Nest öffnet den Schnabel zu einem stummen Schrei, als es plötzlich von Gas umgeben ist. Heftig den Kopf schüttelnd kommt es schwerfällig auf die Beine. Doch noch ehe die Wolke ihre tödliche Wirkung entfalten kann, wird sie von der Morgenbrise zu den weiter entfernt wachsenden Farnen und Palmen getragen. Ein wenig verwirrt lässt sich der *Palaeotis* wieder auf seinem Nest nieder.

Gastornis
Der kräftig gebaute, flugunfähige Vogel war eines der größten Tiere seiner Zeit und lauerte seiner Beute aus dem Hinterhalt auf.
NACHWEIS: In der Grube Messel wurde der Abdruck eines Hüftknochens gefunden, weitere Fossilfunde im Geiseltal (Sachsen-Anhalt) und Nordamerika.
GRÖSSE: 1,75 Meter hoch.
NAHRUNG: Fleisch von selbst erlegten Beutetieren und Aas.
ZEIT: Vor 56–41 Millionen Jahren.

Ein riesiger Dschungel
Im Eozän bedeckten Regenwälder, die wir heute nur noch in den Tropen finden, die ganze Erde.

Klein, aber fein

Im mittleren Eozän glich die Erde einem einzigen großen Dschungel. In den 15 Millionen Jahren seit dem Aussterben der Dinosaurier war das globale Klima allmählich wieder wärmer und feuchter geworden, sodass ähnliche milde klimatische Bedingungen wie im mittleren Mesozoikum herrschten. Blütenpflanzen und tropische Regenwälder hatten sich auf dem ganzen Planeten verbreitet.

Dies scheint einen Einfluss auf die Größe vieler Tiere gehabt zu haben. Beinahe alle an Land lebenden Säugetiere waren relativ klein, was auf einen gewissen »Platzmangel« in den dichten Regenwäldern schließen lässt. Einzig die Vögel brachten mit dem flugunfähigen *Gastornis* eine extrem große Art hervor.

Das Gesicht der Erde bestand noch aus zwei großen Kontinenten. Im Norden bildeten das heutige Nordamerika, Europa, Asien und Afrika eine einzige Landmasse, der südliche Kontinent umfasste das heutige Südamerika, die Antarktis und Australien. Da die Antarktis noch nicht von Eis bedeckt war, konnten sich die auf der südlichen Landmasse lebenden Tiere über den gesamten Kontinent verbreiten. Daneben gab es einige Subkontinente wie das heutige Indien und Madagaskar.

Waldplanet
Außer im äußersten Norden und Süden herrschte im Eozän auf allen Kontinenten tropische Vegetation vor. Das Vorhandensein des Tethys-Meeres, das Fehlen von Eiskappen an den Polen und der hohe Meeresspiegel sorgten in allen Erdteilen für große Niederschlagsmengen. Die große Artenvielfalt sich neu entwickelnder blühender Laubbäume bot den Säugetieren Nahrung im Überfluss. Zugleich verhinderte die dichte Vegetation der Wälder die Entwicklung außergewöhnlich großer Tiere.

Früher Erfolg
Obgleich hoch spezialisiert, scheinen die Fledermäuse eine der ersten modernen Säugetiergruppen zu sein, die die Evolution hervorbrachte.

In Nordamerika und Europa dominierten Regenwälder, deren reichhaltiges Nahrungsangebot eine große Artenvielfalt in der Tierwelt hervorgebracht hatte. Der Waldboden war Lebensraum für die neue Gruppe der Huftiere, zu denen das kleine Urpferd *Propalaeotherium* ebenso gehörte wie die Schuppentiere und die Leptictidien, eine primitive Insekten fressende Gruppe. Weiter oben, auf den Ästen der Bäume, lebten Nagetiere und frühe Primaten, die sich dem Leben im Wald auf ideale Weise angepasst hatten. Und schließlich lebten im Eozän auch die ersten Säugetiere, die das Fliegen gelernt hatten: Insekten fressende Fledermäuse, deren plötzliches Auftauchen im Fossilbericht bisher wenig Aufschluss über ihre Herkunft gibt.

Höchst merkwürdig
Die meisten Säugetiere haben sich seit dem Eozän radikal verändert. Nur wenige, wie das Schuppentier, sehen auch heute noch so aus wie damals.

Während auf der nördlichen Halbkugel die plazentalen Säugetiere dominierten, die ihren Nachwuchs bis zur Geburtsreife im Körper austragen, entwickelte sich auf der südlichen Hemisphäre eine andere Gruppe von Säugetieren, die Marsupialia oder Beuteltiere, die ihre Jungen während der letzten Phase der Schwangerschaft in einer Körpertasche tragen. Doch nicht nur die Evolution der Säugetiere war nach dem Aussterben der Dinosaurier sehr erfolgreich, auch die Vögel eroberten sich jetzt immer mehr Lebensräume und brachten Vorläufer vieler moderner Arten wie Tauben und Hühnervögel.

Das mittlere Eozän markiert einen entscheidenden Abschnitt innerhalb der jüngeren Geschichte der Evolution

Der hohe Meeresspiegel schuf ideale Habitate für marine Lebewesen. Aufgrund des warmen Klimas waren Korallenriffe, in sich äußerst komplexe Ökosysteme, auch weitab von den Tropen zu finden. In den Meeren waren Haie die gefährlichsten Räuber, deren Position aber durch die Ankunft der Wale gefährdet wurde. Am Nordpol hatten sich noch keine Eiskappen gebildet, stattdessen wurde das marine Leben dort durch zwei deutlich unterschiedene Jahreszeiten bestimmt: Während im Sommer in den sonnendurchfluteten Gewässern Plankton und Fische in Überfülle gediehen, war der Winter eine Zeit der vollkommenen Dunkelheit, in der das Plankton starb und die Fische in Winterschlaf fielen.

Das mittlere Eozän markiert einen entscheidenden Abschnitt innerhalb der jüngeren Geschichte der Evolution, weil in dieser Periode die globalen Temperaturen einen seitdem nicht mehr erreichten Höchststand hatten und die Säugetiere eine Vielseitigkeit entwickelten, die den Grundstein für viele noch heute lebende Tierarten legte.

Test bestanden
Die Krokodile retteten sich über die Zeiten hinweg und verließen nur für eine relativ kurze Periode ihre semiaquatische Nische, um an Land zu leben.

Als die Wolke höher gelegenen Waldboden erreicht, löst sie sich endgültig auf. Hier, wo sich das Unterholz im Schatten der Lorbeerbäume etwas lichtet, erhebt sich ein riesiger Hügel aus trockenem Laub, der von Ästen und Zweigen gekrönt wird. Auf der Kuppe dieses künstlichen Gebildes sitzt ein *Gastornis*-Weibchen, das im Schlaf ein kehliges Pfeifen ausstößt. *Gastornis* ist der größte auf Erden lebende Vogel, ein Fleisch fressender Riese von etwa 2 Metern Größe mit einem kräftigen muskulösen Körper. Da diese Vögel flugunfähig sind, finden sie ihre Beute im dichten Unterholz, wo im gedämpften Licht ihre gesprenkelten schwarzen Federn nur schwer auszumachen sind. Aber die lebhaft rote Kopfzeichnung und vor allem der Schrecken einflößende Schnabel – eine mächtige beilförmige Waffe, die das Rückgrat eines kleinen Urpferdes mit einem Schlag zu zertrümmern vermag – lassen keinen Zweifel daran, dass *Gastornis* der König des Waldes ist.

Von dem Beben und der Gaswolke hat das *Gastornis*-Weibchen nichts bemerkt. Es ist ein Tagräuber und döst während der Nachtzeit. Erst im Morgengrauen beginnt es sich zu bewegen. Überall im Wald schlafen die tagaktiven Tiere noch; auch sie haben nichts vom Hauch des Todes mitbekommen.

6 Uhr morgens – Die Dämmerung beginnt In der Nacht hat es geregnet und mit Sonnenaufgang beginnt der Wald zu dampfen. Hoch oben hängt zwischen den Bäumen dichter Nebel, der vom Licht der Morgendämmerung orange gefärbt wird. Tief darunter fallen Lichtstrahlen auf den dunklen Waldboden. Gestützt von ihrem dichten Netz aus Zweigen, wuchert nahe beim See eine Würgefeige. In ihrem Zentrum befindet sich ein abgestorbener Lorbeerbaum, der ihr einst als Wirtspflanze gedient hat und nun einer *Leptictidium*-Familie ideale Zuflucht bietet. Das Nest der Mutter und ihrer zwei Jungen liegt erhöht über dem Boden, sodass es trocken bleibt. Der Eingang ist durch ein Gewirr aus Feigenwurzeln geschützt. Im Nest

Die tödliche Waffe des *Gastornis* war sein Schnabel. Während andere Vögel mit dem Schnabel Kerne oder Beeren pickten, war dieses Furcht einflößende Hackebeil in der Lage, Rückgrate zu zerschmettern.

Die Nummer 1 unter den Räubern

Der *Gastornis* besetzte die durch das Aussterben der Dinosaurier frei gewordene Nische. Der Fleisch fressende Vogel war ein Schwergewicht und besaß im Vergleich zu seinen federleichten fliegenden Verwandten unvorstellbare Kraft.

Nachfahre der Dinosaurier

Großer Vogel
Der nicht auf Geschwindigkeit ausgelegte Körperbau des *Gastornis* legt nahe, dass er seine Beute nicht verfolgte, sondern ihr auflauerte.

Die ersten Funde von fossilen Knochen eines riesigen, flugunfähigen Vogels, der im Paleozän und Eozän gelebt haben muss, wurden im 19. Jahrhundert gemacht. Wissenschaftler gaben ihm den Namen *Gastornis* und rekonstruierten Skelette von mehr als 2,2 Meter Höhe. Besonders auffällig an diesem Tier ist der extrem kräftige, scharfe Schnabel. Sein Körpergewicht dürfte etwa eine halbe Tonne betragen haben. Damit war dieser Vogel eines der mächtigsten und wohl auch gefährlichsten Tiere des frühen Känozoikums.

Die Form des Schnabels und das auf einen muskulösen Körperbau hinweisende Skelett lassen darauf schließen, dass der *Gastornis* ein Fleischfresser war und seine Beute mit kräftigen Schnabelhieben tötete. Dabei dürfte auch der eine oder andere Vorfahr unserer heutigen Säugetierarten auf dem Speiseplan dieses Riesenvogels gestanden haben.

Ob der *Gastornis* tatsächlich ein Fleischfresser war, wird seit einiger Zeit kontrovers diskutiert. Auslöser für die Debatte war die These von Forschern des American Museum of Natural History in New York, dass *Gastornis* aufgrund der Form seines Schnabels eher Schoten und Nüsse zerquetscht haben müsse als Fleisch zerrissen. Dem stehen die Untersuchungen der Paläontologen Larry Witmer und Kenneth Rose entgegen, die davon ausgehen, dass der Riesenvogel durchaus in der Lage war, Fleisch zu reißen und selbst starke Knochen seiner Beutetiere zu zerkleinern. Der gegenwärtige Stand der Forschung geht daher davon aus, dass *Gastornis* ein Räuber war.

Nachdem *Gastornis* annähernd 20 Millionen Jahre lang die Erde unangefochten beherrschte, begann er vor etwa 40 Millionen Jahren allmählich zu verschwinden. Die Evolution brachte in der Folge zwar noch andere große Vogelarten hervor, die jedoch mit der Weiterentwicklung der Fleisch fressenden Säugetiere keine entscheidende Rolle mehr als Raubtiere spielten. Damit mussten die Dinosaurier und ihre direkten Nachfahren wie *Gastornis* die evolutionäre Nische, die sie beinahe 200 Millionen Jahre lang als die Erde beherrschende Raubtiere besetzt gehalten hatten, endgültig aufgeben.

Man kann davon ausgehen, dass auch Vorfahren unserer heutigen Säugetiere auf dem Speiseplan des *Gastornis* standen

selbst bereiten sich die Leptictidien auf die morgendliche Jagd vor. Als ausgesprochene Gewohnheitstiere beginnen sie jeden Tag mit einer ausgiebigen Säuberung. Dann krabbelt die Mutter hinaus in die feuchte Morgenluft, gefolgt von den Jungtieren. Ein Wald wie dieser bietet Leptictidien einen idealen Lebensraum, sodass es zur Ausbildung verschiedener Arten gekommen ist, die das Unterholz auf der Suche nach Insekten und Eidechsen durchstreifen. Das Muttertier gehört der größten *Leptictidium*-Art an und misst von der Nase bis zur Schwanzspitze nahezu 1 Meter.

Alle Leptictidien besitzen eine feste Jagdroute, der sie durch das Unterholz folgen. Jeden Morgen und jeden Abend laufen sie über diesen kleinen Pfad und suchen in der nahen Umgebung nach Nahrung. Sollte ein Raubtier

Leptictidium
Die eigenartigen, sich springend fortbewegenden Tiere gehörten einer Gruppe an, die zwar das Massensterben am Ende des Kreidezeitalters überlebt hatte, aber ausstarb, als mit Beginn des Oligozäns die Tropenwälder allmählich verschwanden. Die Funde von drei *Leptictidium*-Arten in Messel geben Aufschluss über Fell und Mageninhalt der Tiere.
NACHWEIS: Die Leptictidien waren weit verbreitet. Besonders gut erhaltene Exemplare wurden in Messel gefunden.
GRÖSSE: Bis zu 90 Zentimeter lang.
NAHRUNG: Kleine Eidechsen, Säugetiere und Wirbellose.
ZEIT: Vor 50–40 Millionen Jahren.

Zeichen der Zeit
Ähnlich wie das *Leptictidium* sahen viele der in den Wäldern lebenden Säugetiere aus – kleine, schnelle Fellknäuel, die sorgfältige Brutpflege betrieben.

sie bedrohen, dienen ihnen die Pfade als Fluchtwege. Heute werden sie sie gut gebrauchen können. Auf ihren langen Hinterbeinen hüpfen die drei kleinen Säugetiere behände über den dampfenden Waldboden zu einem kleinen Schlammstrand am See. Das Muttertier verharrt einen Moment und schnappt nach einem großen, auf einem Baumstamm sitzenden Hirschkäfer. Mit den Pfoten hält sie das sich windende Insekt fest, während sie mit ihren scharfen Zähnen dessen Panzer knackt. Die Jungen scharen sich um sie und sammeln die Nahrungsfetzen von ihrer Schnauze. Ihre Geburt liegt erst zwei Wochen zurück und noch werden sie entwöhnt. Aber sie müssen schnell lernen, selbst auf die Jagd zu gehen.

Als sie sich dem See nähern, kommen sie langsamer voran. Die Mutter findet dort mehr Insekten und hält sich folglich auch länger mit der Jagd nach ihnen auf. Ihr Pfad führt sie hoch auf den Strand. In dieser offeneren Umgebung bleibt die Alte öfter stehen, um nach Gefahren zu wittern. Nase und Schnurrhaare des Muttertieres sind unablässig in Bewegung.

Ihre Befürchtungen erweisen sich als begründet. Dem kurzen Aufblitzen von etwas Rotem in einem nahen Teebusch folgt das Geräusch eines brechenden Zweiges. Dann bricht das *Gastornis*-Weibchen aus seinem Versteck hervor. Mit drei Schritten ist es bei seiner Beute und schnappt nach den Säugern. Doch die Leptictidien haben bereits in dem Moment die Flucht ergriffen, als die Mutter das Rot zwischen den Zweigen aufblitzen sah. Um ihr Leben hüpfend, gelingt es ihnen, dem tödlichen Schnabel zu entkommen. Der *Gastornis* bleibt nach wenigen Metern zurück, weil er zu groß ist, um erfolgreich die Verfolgung aufzunehmen. Will er im dichten Wald Beute machen, muss er sich gut getarnt auf die Lauer legen.

Der *Gastornis* dreht sich um und stolziert zum Seeufer hinunter. Er ist zwar das größte lebende Raubtier, aber inzwischen gibt es keine riesigen Pflanzenfresser mehr, die ihm als Beute dienen könnten. Es kostet ihn große Mühe, täglich ausreichend Nahrung zu finden.

Hinterhalt
Aufgrund der ausgeprägten Muskulatur der Hinterbeine war das *Leptictidium* nicht nur in der Lage, Insekten nachzujagen, sondern sich auch vor Angriffen von Räubern wie dem *Gastornis* in Sicherheit zu bringen.

9 Uhr morgens – Erster »Schichtwechsel« Im Laufe des Vormittags löst sich der Nebel auf, das Zusammenwirken von hoch stehender Sonne und dichtem Grün macht die Luft stickig-feucht. Der Wald hier ist typisch für den tropischen Dschungel, der den Großteil unseres im Eozän warmen Planeten bedeckt. Blütenpflanzen, deren Evolution gegen Ende des Zeitalters der Dinosaurier begann, beherrschen nun die Flora. Zwar haben einige Farnarten und Zypressen überdauert, aber der Wald besteht jetzt vorwiegend aus Lorbeer, Walnuss, Palmen und Hartriegel. Kletterpflanzen wie Wein, Geißblatt und Mondsame winden sich um diese Bäume, während unten am Boden Magnolien, Maulbeeren sowie Tee- und Zitrusbüsche den Kampf um Licht führen. Die Vielfalt der Arten ist verwirrend und der Duft der unzähligen Blumen und Früchte schier überwältigend. Das Grün und Braun der Farne und Koniferennadeln aus der Welt der Dinosaurier ist für immer verschwunden. Die völlige Veränderung der Flora hat natürlich Auswirkungen auf die Tierwelt dieser Zeit. Der Wald ist erfüllt vom Gesumme der Wespen und Bienen. Kleine, in den Bäumen oder auf dem Boden lebende Säugetiere und Vögel finden reichlich Nahrung an großen Früchten und weichen Knospen. Die raue, harzige Kost, die herbivore Dinosaurier zum Überleben benötigten, gibt es nicht mehr. Dies ist ein neuer Garten Eden, eine farbenprächtige, von Düften erfüllte Welt voller kleiner Tiere, die in nichts mehr dem Lebensraum der Dinosaurier gleicht.

Dies ist ein neuer Garten Eden, eine farbenprächtige, von Düften erfüllte Welt voller kleiner Tiere

Wo die Sonne bis auf den Waldboden vordringt, wird die Dunkelheit durch Flecken magnesiumweißen Lichts durchbrochen. In einem dieser Lichtstrahlen zerrt ein scheues Urpferd, ein *Propalaeotherium*, an einer Mondsamenranke. Es will sie in den Schatten ziehen, wo der schwarz gesprenkelte Rücken ihm einigermaßen Tarnung verschafft. Eine Bewegung

am Rand der kleinen Lichtung veranlasst das *Propalaeotherium*, sich hastig davonzumachen. Das *Leptictidium*-Muttertier springt aus dem Unterholz, wo es eine Eidechse gefangen hat. Und schon sind auch seine Jungen zur Stelle, die nun damit beginnen, an dem Reptil zu zerren. Plötzlich löst sich der Schwanz der Eidechse, fällt zu Boden und hüpft zuckend auf und ab. Die Jungen springen zurück, halten kurz inne, ehe sie ihm mit einer Reihe von Jagdsprüngen nachsetzen. Währenddessen hat die Mutter der Eidechse das Genick durchgebissen. Mit dem toten Reptil geht sie zurück zum Nest. Die Jungen lassen von dem Schwanz ab und folgen ihr.

Propalaeotherium
Diese kleinen Waldtiere gehören zu den ältesten bekannten Pferden. Sie zählen zur Gruppe der Perissodactyla, die auch die Tapire und Nashörner umfasst. Die in den dichten tropischen Wäldern lebenden Tiere besaßen vorne vier und hinten drei kleine Hufe und liefen wie Hunde oder Katzen auf Pfoten.

NACHWEIS: In Messel wurden die Fossilien von mehr als 35 Exemplaren gefunden, weitere Funde kommen aus dem Geiseltal in Sachsen-Anhalt.

GRÖSSE: Zwei Arten sind bekannt, eine mit einer Schulterhöhe von 30–35 Zentimeter, die andere mit 55–60 Zentimeter.

NAHRUNG: Blätter und herabgefallene Früchte.

ZEIT: Vor 49–43 Millionen Jahren.

Federgewicht
Das *Propalaeotherium* ist ein scheuer, nervöser Pflanzenfresser, dessen einzige Verteidigung gegen größere Raubtiere in der Flucht besteht.

Ambulocetus
Die in ihrem Aussehen an riesige Otter erinnernden Tiere gehörten zu den frühesten Walen. Aufgrund ihrer eingeschränkten Beweglichkeit im Wasser ist davon auszugehen, dass sie ihre große Beute nicht verfolgten, sondern ihr auflauerten.
NACHWEIS: Ein annähernd vollständiger Fund sowie einige unvollständige Skelette wurden in Pakistan entdeckt.
GRÖSSE: 3 Meter lang.
NAHRUNG: Fleisch.
ZEIT: Vor 49–50 Millionen Jahren.

Damit ist die morgendliche Jagd der *Leptictidien* beendet und die Familie verschwindet in der Würgefeige, um ihren Tagesschlaf zu halten. Im Innern des Nestes hat die Mutter gerade die Eidechse verspeist. Zwar bringt sie den Jungen das Jagen bei, versorgt sie jedoch nie mit erlegter Beute. Die beiden versuchen weiter zu saugen, aber schnell verliert die Alte die Geduld. Die Zeit der Jungen im Nest läuft langsam ab – schon bald werden sie unabhängig sein müssen. Doch vorerst noch rollen sich alle zusammen und beginnen zu schlafen.

Unten am See schießen pfeilschnell Schwalben über die Oberfläche. Eine Python gleitet in Richtung Ufer, um dort ein gerade verschlungenes Krokodiljunges zu verdauen. In ihrer Nähe zieht es noch ein anderes Tier zum Ufer, das sich vorerst nur durch eine heftige Bewegung des Wassers ankündigt. Platschend taucht schließlich die Spitze eines langen braunen Kopfes auf. Auf den ersten Blick könnte man dieses Tier für ein großes Krokodil halten, von denen es viele in diesem See gibt. Aber bei näherer Betrachtung wird deutlich, dass die Kreatur pelzbedeckt ist und sich um seine schwarze Nase Schnurrhaare sträuben. Als es sich dann aus dem Uferschlamm zieht, wird vollends deutlich, dass dieses Wesen nichts mit einem Krokodil gemein hat. Dichtes kurzes Haar bedeckt den gesamten Körper, die großen Schwimmfüße lassen es an Land nur schwerfällig vorankommen. Es ist ein männlicher *Ambulocetus*, Angehöriger einer Säugetiergruppe, die sich in einer ähnlichen ökologischen Nische wie die Krokodile entwickelt hat und Beutetiere entlang den Uferzonen jagt. Ihre Evolution fand an der eurasischen Küste statt. Hier, auf einer der europäischen Inseln, findet man sie eher selten. Der Dschungel um den See ist jedoch derart voller Beute, dass es dem *Ambulocetus* gewiss nicht an Nahrung mangeln wird.

Das noch nicht ganz ausgewachsene Männchen misst etwa 4 Meter. Mit dem Hinterleib noch im Wasser, lässt es sich nun auf einem mit Riedgras bewachsenen Flecken nieder und wartet. Die Jagdmethode des *Ambulocetus*

Kampf ums Überleben

Als man sich in den 70er Jahren des 19. Jahrhunderts erstmals mit der Evolution des Pferdes beschäftigte, schien die Sache noch recht einfach: Aus dem kleinen, unpaarhufigen *Eohyppus* entwickelte sich das uns heute bekannte Tier der Gattung *Equus*. Doch nach dem derzeitigen Stand der Wissenschaft geht man davon aus, dass *Equus* die einzige überlebende Gattung einer wesentlich größeren Gruppe ist, ohne für diese repräsentativ zu sein.

Das älteste uns bekannte Pferd hatte in etwa die Größe eines Fuchses und ernährte sich von Früchten und Blättern. Es besaß vier Zehen vorne und drei Zehen hinten.

Mit dem Zurückweichen der tropischen Wälder verschwand auch der Lebensraum dieser Urpferde. Gattungen, deren Zähne der Zerkleinerung härterer Vegetation besser angepasst waren, begannen weitere Arten auszubilden. Die ursprünglichen Waldbewohner wie Propalaeotherien starben aus. An ihre Stelle traten Nachfahren von Arten mit leistungsfähigerem Gebiss wie *Miohippus*. Das Nahrungsangebot in den sich weiter ausbreitenden Steppen brachte schließlich neue Arten hervor, deren Zähne das Zerkleinern von Gräsern ermöglichten.

Vor etwa 15 Millionen Jahren starben die in Wäldern lebenden Pferde endgültig aus, während die in den offenen Prärien lebenden immer weitere Arten hervorbrachten. Konkurrenz durch andere Pflanzenfresser wie Antilopen und Hirsche führten zu einer Verringerung des Artenreichtums, sodass vor 4 Millionen Jahren schließlich nur noch eine Gattung übrig blieb – *Equus*.

Auch diese Gattung entging dem Artensterben nur mit knapper Not: Dass es heute noch Pferde gibt, ist einzig der Tatsache zu verdanken, dass sie den Sprung über die Bering-Straße wagten. Denn auf dem amerikanischen Kontinent, auf dem sich die meisten Pferdearten entwickelt hatten, starb *Equus* vor etwa 8000 Jahren völlig aus. Schuld daran waren möglicherweise veränderte klimatische Bedingungen, vielleicht aber auch Überjagung durch den Menschen. In Asien hingegen, wohin ein Seitenzweig während einer der ersten Eiszeiten vor 2,6 Millionen Jahren gelangte, überlebten die Pferde. Die Domestikation des Pferdes führte schließlich dazu, dass diese fast ausgestorbene Tierart heute wieder weltweit verbreitet ist.

Aufs richtige Pferd gesetzt
Nach Jahrmillionen erfolgreicher Evolution war das Pferd fast ausgestorben; dank des Menschen ist es heute wieder weltweit verbreitet.

Spuren aus der Vergangenheit
Einige exzellent erhaltene Fossilien aus dem Eozän ermöglichen es, die Evolution der Unpaarhufer präzise nachzuzeichnen.

Lautloser Schwimmer
An Land eine ungeschickt watschelnde Kreatur, erweist sich der *Ambulocetus* im Wasser als eleganter Schwimmer, der sich wie ein Otter durch wellenförmige Auf- und Abwärtsbewegungen des Körpers fortbewegt.

Mit seinen spitzen Zähnen ist der *Ambulocetus* in der Lage, die Beute am Ufer zu ergreifen und ins Wasser zu ziehen. Die Ähnlichkeit mit seinen an Land lebenden Raubtiervorfahren aus der Familie der Mesonychiden ist unverkennbar.

erfordert eine Menge Geduld. Speziell entwickelte Kiefer- und Gehörfunktionen machen ihn überaus empfindlich für Erschütterungen. Legen diese Tiere ihren Kopf auf den Boden, können sie die Annäherung von Beute spüren und ihren Angriff perfekt vorbereiten. Das bedeutet natürlich auch, dass sie so lange warten müssen, bis die Beute zu ihnen kommt.

In der drückenden Hitze des Vormittags legt sich der *Ambulocetus* geduldig auf die Lauer. Nach einer halben Stunde taucht aus dem Unterholz ein *Propalaeotherium* auf. Bewegungslos verharrt das Urpferd mit hellwach zuckenden Ohren im Schatten. Nervös macht es sich dann auf den Weg zum See, um zu trinken. Nach jedem Schluck schaut es sich um, wachsam auf die leiseste Bewegung achtend, die einen Räuber verraten könnte. Der Abstand zum regungslosen *Ambulocetus* beträgt etwa 2 Meter, für die Absichten des Fleischfressers immer noch zu weit. Erst als ein Platschen zwischen den Seerosen das kleine Urpferd zurückschrecken lässt, greift das Raubtier an. In einem Schauer aus Schlamm und Blättern schnappt das riesige Maul zur Seite. Doch auch jetzt ist der Abstand zwischen Jäger und Beute noch zu groß und in hohen Sprüngen verschwindet das Urpferd im Dschungel.

Erst als ein Platschen zwischen den Seerosen das kleine Urpferd zurückschrecken lässt, greift das Raubtier an

Der *Ambulocetus* beschließt, die Jagd aufzugeben. Er dreht sich herum und gleitet ins Wasser. Nachdem er sich vom Ufer abgestoßen hat, bringen ihn ein paar schwungvolle Ruderschläge seiner Schwimmfüße ins tiefe, dunkle Wasser, das den Großteil des Sees ausmacht. Dann vollführen Körper und kurzer Schwanz langsame, wellenförmige Auf- und Abbewegungen, die ihn durch das Wasser vorwärtstreiben, ohne dass er seine Gliedmaßen bewegen muss. Dieser Bewegungsablauf ist charakteristisch für diese neuartigen semiaquatischen Säugetiere. Dereinst wird er zum Markenzeichen ihrer Nachfahren, der Wale, werden.

Begegnung mit einem Ungeheuer (FOLGENDE DOPPELSEITE) Ein winziges Urpferd macht unangenehme Bekanntschaft mit einem *Ambulocetus*. Einzig seiner blitzschnellen Reaktion ist es zu verdanken, dass es noch einmal davonkommt.

12 Uhr mittags – Der Schwarm Im direkten Sonnenlicht klettert die Temperatur bis auf glühende 40 Grad. Unter dem Schatten des Walddachs bleibt es etwa 10 Grad kühler. In ihrem Nest in der Würgefeige liegen die Leptictidien nicht mehr länger dicht beieinander. Lang ausgestreckt und schnell atmend versuchen sie ihre Körpertemperatur niedrig zu halten. Auch der *Gastornis* ist wieder zu seinem Nest unter dem Lorbeerbaum zurückgekehrt. In dessen Mitte liegt ein großes blaugrünes Ei, das das Weibchen schon seit Wochen ausbrütet. Heute ertönt zum ersten Mal ein Geräusch aus dem Ei, das das Muttertier nun mit seinem Schnabel vorsichtig wendet. Eine kleine Öffnung wird sichtbar, die das Küken herausgearbeitet hat, um sich aus seiner Schale zu befreien. Die Spitze eines schmalen gelben Schnabels erscheint in dem Loch und kurz darauf eine runde violette Zunge. Das Muttertier wohnt dem Aufhacken der Schale nicht weiter bei, sondern prüft stattdessen die Umgebung des Nests auf dort lauernde Gefahren. Dann macht es sich auf in den Wald, um frisches Fleisch zu erbeuten.

Tiefer im Wald, etwa 50 Meter vom Nest entfernt, genießt ein *Propalaeotherium* eine Rispe überreifer, bereits angefaulter Weintrauben. Das nur etwa 60 Zentimeter große Urpferd hat sich auf die Hinterbeine erhoben, um sein Festmahl zu halten. Plötzlich lässt es sich zu Boden fallen und erstarrt mit aufgerichteten Ohren. Trotz der glühenden Temperatur und des strahlend blauen Himmels ertönt ein Geräusch, als ob es regnete. Allmählich wird das Geräusch lauter und das Urpferd schießt davon. Kurz darauf ist der Waldboden von Spinnen und großen Insekten wie Schaben und Heuschrecken bedeckt, die den größeren Tieren in panischer Flucht folgen.

Schließlich wird die Ursache für das Geräusch und die daraus resultierende Panik deutlich. Unter dem Lorbeerast, auf dem der Wein wuchert, erscheint ein Strom riesiger Ameisen. Schon bald ist die Stelle, auf der eben noch das *Propalaeotherium* stand, von Tausenden dieser rücksichtslosen Räuber bedeckt. Wie eine dunkelrote Flut ergießt sich der Ameisenschwarm

Achillesferse
Wie vor ihm den Dinosauriern droht auch dem *Gastornis* nur zu Beginn seines Lebens, nämlich so lange er noch ausgebrütet wird, echte Gefahr.

Ein hübscher Kerl
Nach dem Schlüpfen wachsen *Gastornis*-Junge, von ihren Müttern regelmäßig mit Fleisch gefüttert, sehr schnell. Je eher sie das Nest verlassen, desto größer sind ihre Überlebenschancen.

Leben in Kolonien
Ameisen bilden Staaten, die über eine strikte Aufgabenverteilung verfügen. Gemeinsam angreifend können sie selbst Beutetiere zur Strecke zu bringen, deren Körpergewicht das ihre um ein Vielfaches übersteigt.

Der Killer-Schwarm

Zu den wahrscheinlich aufregendsten Funden in der Grube Messel und im nahe gelegenen Eckfelder Maar gehören fossilierte Ameisen. Bislang hat man nur geflügelte, also zur Fortpflanzung fähige Exemplare gefunden. Der Grund dafür könnte sein, dass die kleineren, ungeflügelten Arbeiterameisen nicht in unmittelbare Nähe des Wassers gelangten und folglich nicht darin ertranken wie alle anderen in der Grube erhaltenen Lebewesen. Einige der gefundenen Ameisenweibchen haben eine Flügelspanne von bis zu 13 Zentimetern und bringen das Vielfache des Gewichts eines kleinen Kolibris auf die Waage.

Eine Analyse des Mageninhalts ergab, dass diese Ameisen noch nicht in der Lage waren, den Kropf zu verschließen, was zur Folge hatte, dass sie – anders als heute bekannte Ameisenarten – keine Flüssigkeiten speichern konnten. Offenbar ernährten sie sich ausschließlich von fester Nahrung, waren also entweder Blattschneider (d. h. züchteten auf zerschnittenem Laub Pilzkulturen, von denen sie sich ernährten) oder Fleischfresser wie die modernen Treiberameisen. Ein Vergleich mit ihrer nächsten, noch heute lebenden Verwandten, der in Europa vorkommenden Roten Waldameise *Formica rufa*, legt den Schluss nahe, dass die Ameisen aus Messel aller Wahrscheinlichkeit nach Carnivoren waren. Hält man sich vor Augen, mit welcher Aggressivität moderne Fleisch fressende Ameisen, die lediglich eine Länge von etwa 1 Zentimeter erreichen, über ihre Beute herfallen, so lässt sich leicht denken, welch verheerende Wirkung ein Schwarm eozäner Riesenameisen gehabt haben mag – ein wahrer Alptraum für jedes in den Wäldern dieser Zeit lebende Tier.

Ein in die Wälder des Eozäns einfallender Schwarm Riesenameisen muss jedem Tier, das sich nicht in Sicherheit bringen konnte, wie ein Alptraum vorgekommen sein

Giganten unter den Insekten
Dieses Männchen hatte eine Flügelspanne von fast 15 Zentimetern und gehörte zu einem Staat von Tausenden ähnlicher Riesenameisen.

auf der Suche nach Fleisch in den Wald. Zwar messen die größten Exemplare dieses Schwarms kaum mehr als 3 Zentimeter, doch ihre unvorstellbare Menge versetzt sie in die Lage, erstaunlich große Beutetiere erlegen zu können. Das Regengeräusch rührt von den Tausenden Ameisen her, die Bäume und Büsche auf der Suche nach Opfern erklommen haben und sich, wenn sie keinen Erfolg haben, zurück zwischen ihre Artgenossen fallen lassen. Der Schwarm ist nur die Spitze einer riesigen Ameisenstraße, die sich über 50 Meter bis zu den Brettwurzeln eines alten Walnussbaums erstreckt. Dort haben die Insekten ein Nest errichtet, das ihre Königin schützt. Entlang dieser »Straße« bringen die Jäger ihre Beute zurück zum Nest.

Die gesamte Mittagshitze hindurch arbeiten sich die Räuber durch den Wald. Dann haben die Ameisen auch die Würgefeige erreicht. Der Hauptstrom bewegt sich zwar vorbei, aber einzelne Kundschafter machen sich daran, die Wurzeln zu erforschen. In ihrem Nest in der Kletterpflanze schläft die *Leptictidium*-Mutter mit ihren Jungen, ohne etwas von der Gefahr zu bemerken. Immer mehr Ameisen erkunden das Wurzelgeflecht der Feige. Trotz der Größe der drei Leptictidien ist ihre Überlebenschance gering, wenn Hunderte von Riesenameisen den Eingang zum Nest versperren.

Doch nach ungefähr zehn Minuten nimmt die Zahl der Ameisen um das Nest allmählich wieder ab. Auf der »Straße« kann man nun kleine Stücke blutiger schwarzer Federn erkennen, die zum Ameisennest zurückgetragen werden – der Schwarm hat das 30 Meter entfernte Gelege des *Gastornis* entdeckt. Wären die Ameisen etwas früher gekommen, zu einem Zeitpunkt, als das Ei noch intakt war, hätte das Küken vermutlich überlebt. Aber heute hat es zu schlüpfen begonnen und die kleine Öffnung in der Schale dient nun seinen Mördern als Eingang. Selbst wenn das *Gastornis*-Weibchen anwesend gewesen wäre, hätte es wenig tun können.

Die Leptictidien schlummern noch immer. Solange das riesige Ameisennest in der Nähe ist, sind sie in Gefahr.

Riesenameise
Die Insekten bilden eine der ältesten Gruppen in der Evolutionsgeschichte. Schon in der Kreidezeit entstanden die ersten Ameisenstaaten. Die Riesen des Eozäns, *Formicium giganteum*, sind die größten Ameisen, die jemals gefunden wurden. Ihr Einfluss auf das Ökosystem Wald dürfte erheblich gewesen sein. Das Fressverhalten war wahrscheinlich dem der modernen Treiberameisen ähnlich, die heute in den tropischen Wäldern eine gewichtige Funktion als Räuber innehaben.

NACHWEIS: Fossilien von *Formicium giganteum* wurden in der Grube Messel gefunden, eine sehr ähnliche Art im nahen Eckfelder Maar.

GRÖSSE: Arbeiterinnen 1–3 Zentimeter, Königinnen erreichen eine Länge von bis zu 5,5 Zentimeter und sind mit einer Flügelspanne von 13 Zentimeter größer als manche Vogelarten.

NAHRUNG: Sie fressen jedes Tier, das nicht vor ihnen flüchtet.

ZEIT: Vor 49–44 Millionen Jahren.

4 Uhr nachmittags – Nach der Hitze Am späten Nachmittag hat die Hitze ihren Höhepunkt überschritten und die Aktivität der Waldtiere nimmt wieder zu. Die Leptictidien sind erwacht und machen sich wieder auf die Jagd. Noch immer tragen die Ameisen kleine Stücke des *Gastornis*-Kükens an der Feige vorüber. Plötzlich sind einige von ihnen auf eines der Jungen aufmerksam geworden und fallen es sofort an. Hektisch springt der kleine Säuger auf und ab, um die Ameisen abzuschütteln. Mit Mühe gelingt es ihm, seiner Mutter zu folgen, die sie vom Schwarm wegführt. Einige Ameisen schaffen es jedoch, sich in seinem Fell zu verbeißen. Das Muttertier wird sie später absammeln und verzehren.

Wie ein Alptraum fällt der *Gastornis* über die Urpferde her. Stolpernd gelingt einem von ihnen die Flucht, das andere jedoch hat keine Chance

Auf ihrem Weg begegnen die Leptictidien zwei Propalaeotherien. Anders als üblich reagieren die Urpferde auf das plötzliche Erscheinen der Leptictidien relativ sorglos. Überhaupt scheinen ihre Reaktionen langsamer als sonst und auch um ihr Gleichgewicht ist es schlecht bestellt. Seit etwa einer Stunde fressen sie verfaulte Weintrauben, die auf dem Waldboden liegen. Nun haben sie den Magen voller fermentierter Früchte und der Alkohol ist bereits in ihre Blutbahnen gedrungen.

Der Zeitpunkt für einen Rausch ist schlecht gewählt. Nicht nur die Leptictidien, auch andere Tiere jagen am späten Nachmittag. In den letzten Minuten hat sich der *Gastornis* langsam den beiden Urpferden genähert. Nicht einmal 10 Meter entfernt, ist er nun zum Zuschlagen bereit. Die Propalaeotherien spüren die Gefahr und versuchen zu fliehen. Doch ihre Bewegungen sind langsam und unkoordiniert. Wie ein Alptraum fällt der *Gastornis* über sie her. Stolpernd gelingt einem der Urpferde die Flucht, das andere jedoch

Vogel frisst Pferd
Ein schneller Tod für das *Propalaeotherium*. Der *Gastornis* bricht ihm mit seinem Schnabel nicht nur das Rückgrat, er schüttelt das Urpferd mithilfe der kräftigen Halsmuskulatur auch zu Tode.

hat keine Chance. Der riesige Schnabel legt sich um seinen Nacken und reißt es in die Höhe. Hilflos schlagen die Hufe in der Luft. Der *Gastornis* umschließt das Genick seines Opfers noch fester, bis es sich nicht mehr bewegt. Um sicherzustellen, dass es wirklich tot ist, lässt der Raubvogel den reglosen Körper auf den Waldboden fallen, hält ihn mit einer seiner Klauen fest und hackt mehrmals mit dem Schnabel auf ihn ein. Der ganze Vorgang hat nicht länger als eine Minute gedauert. Der Vogel hält nun inne und schaut sich um, bevor er einige blutige Fleischfetzen aus seiner Beute reißt und verschlingt. Dann hebt er den Kadaver hoch und trägt ihn zu seinem Nest, um sein Küken zu versorgen.

> Als die Ameisen auf die weichere Haut unter den Federn gelangen, beginnt der Vogelriese zu kreischen

Da der *Gastornis* ein paar Stunden auf Jagd war, ist ihm die Attacke des Ameisenschwarms entgangen. Einen Moment lang steht er über seinem Nest und beobachtet das Treiben. Dann lässt er seine Beute fallen und klettert auf den Bruthügel. Doch seine Versuche, das Küken zu schützen, kommen zu spät. Viele der Ameisen haben bereits begonnen, seine Beine emporzuklettern und zu beißen. Der dicken Schuppenhaut über den Klauen können die Insekten nichts anhaben. Doch als sie weiter oben auf die weichere Haut unter den Federn gelangen, beginnt der Vogelriese zu kreischen. Schließlich muss er den Bruthügel verlassen. All die Mühe, die das Weibchen mit Legen und Ausbrüten des Eies hatte, war vergebens. Es muss an einem anderen Ort von neuem beginnen. Und die Ameisen können nun auch noch einen halben Urpferdkadaver zu ihrer Beute zählen.

Als der *Gastornis* mit gequält klingenden krächzenden Schreien durch den Wald flieht, scheucht er die Leptictidien auf. Die Jungen waren gerade damit beschäftigt, eine gepanzerte Eidechse zu fangen. Das zähe kleine Reptil hat jedoch ihren Versuchen erfolgreich widerstanden. Nun lässt das un-

Gehupft wie gesprungen
Die kräftige Muskulatur der Hinterbeine ermöglicht es dem *Leptictidium*, sich springend durchs offene Unterholz zu bewegen.

Herausragendes Kennzeichen des *Leptictidium* ist die lange, bewegliche Nase. Mit Hilfe dieses unglaublich sensiblen, mit feinen Tasthaaren versehenen Organs vermag es Insekten in dem am Waldboden liegenden Laub aufzuspüren.

gewöhnliche Auftauchen des gepeinigten Raubvogels die drei Säuger hinunter zum See fliehen. Das Muttertier führt die Jungen geradewegs auf einem ihrer Fluchtpfade zurück in das Unterholz.

Vom Ufer aus beobachtet ein Flamingo, ein seltener Gast an diesem See, wie die kleinen Säugetiere vorüberspringen, dann widmet er sich wieder dem Durchkämmen seines Gefieders. Doch die nächste Störung lässt ihn aufflattern und in Richtung des grünen Waldgürtels fliegen. Der *Ambulocetus* hat sich entschlossen, zum Seeufer zurückzukehren und sich wieder auf die Lauer zu legen. In der Mitte des Sees verkündet der zweite Gasausbruch des Tages, dass das Kohlendioxydniveau am Grund gefährlich hoch ist. Zwar löst sich die Wolke schnell auf, doch derart viele Eruptionen sind ein Zeichen dafür, dass etwas ungeheuer Bedrohliches im Gange ist.

Godinotia
In den Wäldern des Eozäns lebten verschiedene Lemuren ähnelnde Primaten. Die Größe der Augenhöhlen einiger Formen wie z. B. *Godinotia* lässt auf Nachtaktivität schließen. Die Ausbildung ihrer Gliedmaßen war dem Leben auf Bäumen angepasst und gestattete ihnen, sich auf der Suche nach Insekten von Ast zu Ast zu hangeln.
NACHWEIS: Ein vollständiges Exemplar wurde im Geiseltal gefunden, Fragmente in der Grube Messel.
GRÖSSE: 30 Zentimeter, langer Schwanz.
NAHRUNG: Vorwiegend Insekten, aber auch Früchte.
ZEIT: Vor 49 Millionen Jahren.

6 Uhr abends – Die Nacht bricht herein In der Abenddämmerung nimmt der Himmel eine tiefrote, mit orangefarbenen Wolken gemaserte Färbung an. Die Kronen der Bäume färben sich im Licht der letzten Sonnenstrahlen blassrot, während weiter unten der Waldboden in bläulichen Schatten getaucht wird. Nun beginnen die tagaktiven Tiere allmählich unter den Büschen oder in ihren Bauten Zuflucht zu suchen. Auch die Leptictidien beenden die zweite Jagd des Tages und kehren zur Würgefeige zurück.

Während auf dem Waldboden die Aktivität langsam abnimmt, verhält es sich auf den Bäumen genau umgekehrt. Dort liegt die ursprüngliche Heimat der Säugetiere. In Millionen von Jahren, die sie unter der Herrschaft der Dinosaurier verbracht haben, bot lediglich das Leben in der Höhe Sicherheit, um zu überleben. Und dort entwickelten die Vorfahren der heutigen Säuger jene Gliedmaßen und Sinnesorgane, die sie benötigten, um die Ressourcen ihrer natürlichen Umgebung zu nutzen. Dies hat ihnen nun, da die Dinosaurier verschwunden sind, eine gute Ausgangsposition verschafft. Viele von ihnen sind auf den Boden zurückgekehrt, aber einige sind in den Bäumen geblieben und haben dort weiter spezialisierte Arten ausgebildet. Die bemerkenswertesten Tiere dieser Gruppe sind die Fledermäuse. Sie sind die ersten Säugetiere, die das Fliegen gelernt haben. Der Dschungel um den See ist voll von ihnen: von den größeren Arten mit einer Flügelspanne von annähernd 50 Zentimetern, die vorwiegend in den Kronen der Bäume jagen, bis hin zu den nur halb so großen Bodenjägern. Neben ihnen leben auch einige Primatenarten in den Bäumen. Sie haben lange Gliedmaßen und Finger ausgebildet, die ihnen zum Klettern und Greifen der Zweige dienen.

Auf einem Lorbeerzweig hat einer dieser Primaten, eine *Godinotia*, ihre nächtliche Suche nach Insekten und Früchten begonnen. Bei einer Größe von nur 30 Zentimetern lässt sie ihr dichter schwarz-weißer Pelz eigenartig massig wirken. Sieht man jedoch, wie sie sich von Ast zu Ast hangelt, wird offenkundig, dass die *Godinotia* extrem flink und wendig ist.

Ein charakteristisches Merkmal von Primaten sind die nach vorne ausgerichteten Augen, die gemeinsam mit den Greifhänden die Voraussetzung für ein erfolgreiches Überleben in den Bäumen bilden.

Nachtleben
Eine *Godinotia* beobachtet Schlankjungfern bei ihrem nächtlichen Flug. Die nur selten auf dem Waldboden anzutreffenden Primaten sind Allesfresser mit einer besonderen Vorliebe für Insekten und Früchte.

Mit ihren großen dunklen Augen sucht sie die Baumkronen ab. Selbst in einer mondlosen Nacht vermag sie Insekten genau auszumachen und heute Abend ist sie auf eine wahre Goldgrube gestoßen. Aus dem riesigen Ameisennest sind den ganzen Tag über flugfähige Weibchen und Männchen aufgestiegen – eine willkommene Mahlzeit für die *Godinotia*.

Das silberne Glitzern eines Ameisenflügels am äußersten Ende eines Astes fixierend, hält die *Godinotia* inne und schätzt die Entfernung ab. Dann stürzt sie los, greift mit einer Hand die Ameise, während die andere Hand und die Füße fest den Ast umklammern. Neben dem Jagen zählt das Paaren zu den Hautbeschäftigungen von Godinotien. Die kleinen Primaten sind Einzelgänger und ständig auf der Suche nach Geschlechtspartnern.

Plötzlich taucht ein riesiges aufgerissenes Maul auf und schließt sich um den Körper des Creodonten

Noch fällt ein Rest Licht in den Wald und von ihrem Aussichtsplatz aus kann die *Godinotia* einen geschmeidigen Räuber erkennen, der zum See schleicht. Es ist ein etwa 1 Meter großer Creodonte, Mitglied der ersten Fleisch fressenden Dynastie unter den Säugern. Dereinst werden seine Nachkommen als riesige Raubtiere die Prärien des Oligozäns beherrschen, doch noch sind sie kleine Räuber, die manchmal auf der Jagd nach Primaten auch die Bäume erklimmen. Die *Godinotia* verharrt still, als der Creodonte sich einem Flecken Riedgras am Ende des Strandes nähert.

Plötzlich taucht wie aus dem Nichts ein riesiges aufgerissenes Maul auf und schließt sich um den Körper des Creodonten. Als sich der kleine Räuber zu wehren versucht, schleppt ihn der *Ambulocetus* ins Wasser. Mehrere Godinotien auf nahen Bäumen stoßen Schreie aus, während der Creodonte seinem Gegner einen zähen Kampf liefert. Doch das semiaquatische Raubtier setzen dem Ringen ein baldiges Ende. Im Wasser wird es ruhig und der *Ambulocetus* zerrt den schlaffen Körper wieder ans Ufer, um zu fressen.

Rendezvous im Mondenschein
Godinotien sind strikte Einzelgänger – begegnen sich zwei ausgewachsene Tiere, bedeutet dies, dass sie entweder miteinander kämpfen oder sich paaren.

24 Uhr – Tod aus der Dunkelheit Gegen Mitternacht erschüttert ein zweites Erdbeben die Gegend und setzt eine Kettenreaktion in Gang, die die Waldbewohner wahllos dahinrafft. Dem Beben folgt ein gigantischer Gasausbruch. An einem Ende beginnt der See zu brodeln, Wasserfontänen schießen in die Luft. Ein Donnern schallt über den See, das von Lichtblitzen begleitet wird. Die Tiere der Umgebung schreien und kreischen, die Godinotien rennen in Panik die Äste auf und ab. Innerhalb weniger Minuten hat sich über der Mitte des Sees eine riesige milchige Wolke aus Kohlendioxyd gebildet, die Wasseroberfläche hat ein blasses Rot angenommen, als ob all das im fauligen Wasser gebundene Eisen plötzlich oxidierte. Die Wolke bewegt sich zunächst langsam zum östlichen Ende. Dort tritt ein Fluss aus dem See und weil Kohlendioxyd schwerer als Luft ist, folgt die Wolke seinem Lauf und ergießt sich nun den Hügel hinunter ins Tal. Jedes Tier in diesem Gelände erstickt auf der Stelle. Auf dem Boden gehen Urpferde und Schuppentiere im Schlaf zugrunde. Fledermäuse, Vögel und Primaten fallen aus den Bäumen. Nur die Tiere, die in den höchsten Wipfeln ausharren, überleben. Sogar Krokodile und Schlangen am Ufer des Sees fallen dem Gas zum Opfer.

Innerhalb weniger Minuten hat sich über der Mitte des Sees eine riesige Wolke aus Kohlendioxyd gebildet

Nach einer halben Stunde hat sich der See wieder beruhigt. Im noch immer roten Wasser treiben inmitten der toten Insekten zahlreiche verendete Fledermäuse. Ein schaler Geruch liegt in der Luft, die Gaswolke selbst ist aber bereits nach Osten abgezogen. Eine gespenstische Stille hat sich über den Wald gelegt. Im Umkreis von einigen Quadratkilometern hat östlich des Sees jedes größere Tier den Tod gefunden – die Natur hat sich als unberechenbar und grausam gezeigt.

Flucht vor den Naturgewalten
Der Wald steht auf einer vulkanischen Verwerfung und die Kräfte, die bei einem Erdbeben entfesselt werden, jagen selbst den mächtigsten Räuber in die Flucht.

Perfekt konserviert
Nicht nur Tiere, sondern auch Pflanzen wie diese Zweige eines Teestrauchs wurden im Ölschiefer versteinert.

Die Grube Messel

Die Ölschiefergrube bei Messel ist heute einer der bedeutendsten Fundorte für aus dem Eozän stammende Fossilien. Entdeckt wurde sie im ausgehenden 18. Jahrhundert durch Zufall, als man begann, in der Grube zunächst Eisenerz und dann auch Braunkohle abzubauen. Zu den ersten Funden gehörte das Fossil eines Krokodils, dem weitere Aufsehen erregende Entdeckungen folgten.

Die Ölschiefer von Messel bildeten sich auf dem Grund eines tiefen Sees und lieferten so ideale Voraussetzungen für die Fossilisierung von Pflanzen und Tieren, die ins Wasser fielen und in den Schlamm auf dem Grund des Sees sanken. Da der Sauerstoffgehalt des Wassers in dieser Tiefe äußerst gering war, bildeten sich auch keine Bakterien, die die Kadaver hätten zersetzen können. So haben sich in den verschiedenen Schichten Faulschlamms viele erstaunliche Details erhalten.

Diesem außergewöhnlichen Umstand ist es zu verdanken, dass viele der in der Grube Messel gefundenen Fossilien faszinierende Aufschlüsse über die Flora und Fauna des Eozäns geben. Nicht nur Insekten und Blätter wurden konserviert, sondern auch die Umrisse von Fell und Federn. Dadurch lassen sich relativ genaue Aussagen darüber machen, wie die entsprechenden Tiere aus-

Der Nachwelt erhalten
Die ehemalige Ölschiefergrube bei Messel sollte in den 70er Jahren in eine Mülldeponie verwandelt werden, bevor ausdauernde Proteste schließlich zur Rettung der Grube als Ausgrabungsort führten.

gesehen haben. Ebenso interessant ist die Tatsache, dass in vielen Fällen auch der Mageninhalt von Tieren konserviert wurde und dadurch Rückschlüsse auf die Ernährungsgewohnheiten gezogen werden können. Unter dem Mikroskop ist zu erkennen, dass einzelne Exemplare von Urpferden offensichtlich Blätter und Fledermäuse nachtaktive Motten oder Köcherfliegen beziehungsweise Käfer gefressen hatten. Um nachts Insekten jagen zu können, mussten sich die Fledermäuse mit Hilfe des Schalls orientieren. Denkbar ist, dass sie entweder in der Lage waren, den Flügelschlag der Insekten zu hören, oder bereits die äußerst komplexe Fähigkeit entwickelt hatten, Gegenstände per Echolotung zu orten – also Ultraschall auszustoßen, um anhand seiner Reflexion auch im Dunkeln Insekten zu erkennen. Auch bei der Beantwortung dieser Frage erweist sich der bemerkenswerte Erhaltungszustand der Fossilien aus der Grube Messel als außerordentlich hilfreich – ein Vergleich von Röntgenaufnahmen der Ohren urzeitlicher und moderner Fledermäuse zeigt, dass die Urahnen der heutigen Vertreter dieser Gattung zwar schon über Echoortung verfügten, aber noch nicht so hoch spezialisiert waren.

En detail (OBEN)
Wie auch immer dieser Urahn des Spechts auf den Grund des Sees gekommen sein mag, seine Schwanzfedern haben sich erstaunlich gut erhalten.

Faszinierende Fremdheit (LINKS)
Dieser Vorfahr eines Igels stammt aus der Grube Messel. Das Tier hatte Stacheln auf dem Rücken und einen mit Knochenschuppen bedeckten Schwanz.

Tödliche Idylle
Eine 1986 aus dem Nyossee aufsteigende Kohlendioxyd-Wolke war für den Tod von mehr als 1700 Menschen verantwortlich.

Nach der Katastrophe
Die riesige Gaswolke schob sich wie eine unsichtbare Lawine vom See aus den Berg hinab und brachte Menschen und Tieren den Erstickungstod.

Todbringende Seen

Zu den häufigsten Überresten aus der Grube Messel gehören die Fossilien von Fledermäusen. Dieses Phänomen konnte man sich zunächst nicht erklären. Viele der versteinerten Fledermäuse sahen so aus, als ob sie aus dem Flug heraus in den See gefallen wären. Doch neueste geologische Untersuchungen der Grube könnten dafür jetzt eine Erklärung liefern.

Am 26. August 1986 ereignete sich in Kamerun eine Tragödie, als der Nyossee, ein See vulkanischen Ursprungs, plötzlich eine riesige Kohlendioxyd-Wolke freisetzte. Da Kohlendioxyd schwerer ist als Luft, senkte sich eine dichte Gaswolke vom Berg hinab über etliche Dörfer und erstickte alles Leben, darunter über 1700 Menschen.

Eine Untersuchung des Nyossees zeigte, dass an seinem Grund sauerstoffarme Wasserschichten isoliert waren, die sich nicht mit den darüber liegenden sauerstoffreichen vermischten. Im Laufe von Jahren hatten sich große Mengen von Kohlendioxyd aus einer vulkanischen Quelle in dieser Bodenwasserschicht gesammelt, die nicht entweichen konnten. Man kann davon ausgehen, dass sich bei der Katastrophe sauerstoffreiche und sauerstoffarme Wasserschichten vermengten, sodass das angestaute Gas mit einem Mal freigesetzt wurde.

Analog dazu lässt sich aus dem hervorragenden Erhaltungszustand der Fossilien von Messel schließen, dass der urzeitliche See ebenfalls sehr tief gewesen sein muss und über eine am Seegrund isolierte sauerstoffarme Wasserschicht verfügte. Außerdem scheint der See vor 50 Millionen Jahren über einer aktiven vulkanischen Verwerfung gelegen zu haben.

Die Parallelen zwischen dem Nyossee und der Grube Messel sind derart auffällig, dass manche Wissenschaftler darin auch eine Erklärung für die sehr häufigen Funde von Fledermäusen bei Messel sehen: Demnach wären in Abständen immer wieder große Mengen Gases aus dem Wasser entwichen, die nicht nur die Tiere am Ufer des Sees, sondern auch alle Fledermäuse, die gerade über das Wasser flogen, hinwegrafften.

Der Morgen danach
Als sich das *Leptictidium* davon überzeugt hat, dass der *Ambulocetus* tot ist, beginnt es seinen Kadaver nach Insekten abzusuchen.

6 Uhr morgens – Ein neuer Tag Die Würgefeige liegt am Nordufer des Sees und als die ersten Sonnenstrahlen den Waldboden erreichen, zeigt sich, dass das Nest der Leptictidien von der Gaswolke verschont wurde. Wie üblich führt das Muttertier die Jungen in der Morgendämmerung durch den Wald. Nach etwa 100 Metern finden sie eine tote Eidechse. Als sie sich kurz darauf weiter dem See nähern, blockiert etwas Größeres den Pfad: der tote Körper des *Ambulocetus*. Angelockt vom Geruch des Kadavers, ist ein Krokodil bereits an das nur wenige Meter entfernte Ufer gekrochen. Zuerst sind die Leptictidien verwirrt, dann, als kein Zweifel mehr daran besteht, dass die gigantische Kreatur sie nicht angreifen wird, beginnt das Muttertier einen neuen Pfad um die Sperre zu schaffen. Mit ihren kräftigen Hinterbeinen scharrt sie einen Durchlass durch eine Königsfarndickung und stellt eine Verbindung zu dem ursprünglichen Pfad jenseits des Kadavers her. Währenddessen hat eines der Jungtiere eine lohnende Beute erspäht und ist auf den toten *Ambulocetus* geklettert. Mit einem Satz gelingt ihm der Fang einer großen Ameise. Offensichtlich sind nicht nur die Krokodile am Kadaver des *Ambulocetus* interessiert.

2 Killerwale

Unsere Welt vor 36 Millionen Jahren

Auch gegen Ende des Eozäns gleicht die Erde noch immer einem warmen Treibhaus. Die Säugetiere haben nun endgültig die Position der Dinosaurier eingenommen und beherrschen alle Kontinente. Über die nördlichen Landmassen ziehen Herden von Brontotherien, Nashörnern gleichende Pflanzenfresser, deren ärgste Feinde Fleisch fressende Huftiere sind. Primaten und Nagetiere haben sich weiterentwickelt und auch die ersten Rüsseltiere tauchen auf. In den Meeren schwimmen jetzt erste primitive Seekühe und die ersten der riesigen Wale. Die größte Kreatur zu dieser Zeit ist der 18 Meter lange Basilosaurus, ein würdiger Nachfolger der marinen Reptilien des Mesozoikums. Dessen ungeachtet bahnt sich ein Wandel in diesem urzeitlichen Garten Eden an. Die gigantische antarktische Landmasse hat sich über den Südpol geschoben und damit endgültig von den anderen Kontinenten getrennt. Von Wasser umgeben und die Hälfte des Jahres ohne Sonnenlicht, vollziehen sich hier entscheidende Veränderungen. Zum ersten Mal in Hunderten Millionen von Jahren herrscht am Südpol ewiges Eis.

90 Grad östlicher Länge Am östlichen Rand des Tethys-Meeres trennt ein nur wenige Kilometer breiter Meeresarm die riesigen Landmassen Asiens im Norden und den Inselkontinent Indien im Süden voneinander. Dadurch ist eine atemberaubend schöne Meerenge entstanden, die beiderseits von schroffen Klippen gesäumt wird. Während sich fast überall sonst an den Küstenlinien Dschungel und Mangrovenwälder bis an die warmen Gewässer des Tethys-Meeres ziehen, sind die Klippen hier unbewachsen. Kalte Strömungen aus dem Süden sind verantwortlich dafür, dass es kaum regnet. In einiger Entfernung von der Küste zeitigen dieselben Strömungen einen gegenteiligen Effekt: Sie spülen Nährstoffe an, die eine reiche Planktonpopulation hervorbringen. Hier gedeihen Schulen von Fischen, Tintenfischen und Nautiliden, die wiederum Haie und andere größere Raubtiere anziehen. Auch die Seevögel finden hier reichlich Nahrung.

Aus der Tiefe
(VORHERIGE DOPPELSEITE)
Ein erschöpftes *Dorudon*-Junges ist leichte Beute für den Walriesen *Basilosaurus*.

Doch Meeresströmungen sind launisch. Gelegentlich ändern sie ihre Fließrichtung und leiten damit auch die Nährstoffe um. Für das Plankton der Meerenge ist das so, als würden an Land die jährlich wiederkehrenden Regenfälle ausbleiben; es kommt quasi zu einer »marinen Dürre«. Dies hat verheerende Folgen für die Lebewesen des Meeres. Die größeren Fische sind in der Lage, sich in anderen Gewässern auf Nahrungssuche zu begeben, doch Vertreter kleinerer Arten sterben zu Millionen. In diesem Jahr kommt es zu einem derartigen Massensterben. An der Küste finden sich kaum noch Seevögel und das nährstoffarme Wasser ist glasklar und tiefblau.

Von den Klippen aus erkennt man die schlanke Gestalt eines *Hemipristis*-Haies. Dicht vor der zerklüfteten Küste sucht er die Felsspalten nach Beutetieren ab, die kräftig genug sind, um das Ende der »Dürre« abzuwarten. Trotz seiner Größe gleitet der Hai mühelos durch das Labyrinth der Felsen. Von ihm unbemerkt lauert weiter draußen eine riesige torpedoförmige Kreatur, die jede seiner Bewegungen verfolgt. Es ist ein *Basilosaurus*, die größte im

Daheim
Im ausgehenden Eozän ist der *Basilosaurus* das größte auf Erden lebende Tier und zugleich Beweis dafür, wie weit es die Säugetiere gebracht haben seit ihren Anfängen als kleine Baumbewohner in der Ära der Dinosaurier.

Basilosaurus
Dieser frühe Wal war ein Nachfahre der Mesonychiden, landlebender Carnivoren. Zwei Arten sind bekannt, die wohl in den Meeren des Eozäns weit verbreitet waren. Wie sich der *Basilosaurus* fortbewegte, hat die Wissenschaft angesichts seines erstaunlich langen Körpers vor ein Rätsel gestellt. Die Wirbel am Schwanzende scheinen wie bei Tieren, die über eine Schwanzflosse verfügen, zusammengestaucht gewesen zu sein.

NACHWEIS: Erste Fossilfunde vom *Basilosaurus* wurden in Louisiana gemacht, die Überreste der anderen Art fanden sich in Ablagerungen der Fayum-Senke.
GRÖSSE: Weibchen erreichten eine Länge von etwa 15 Meter, Männchen etwa 18 Meter.
NAHRUNG: Fische, Haie, Mollusken und andere Walarten.
ZEIT: Vor 40–36 Millionen Jahren.

Das verlorene Paradies

Air Force
Die meisten der modernen Vogelgruppen, darunter auch die der Fischadler, entstanden am Ende des Eozäns.

Die Welt des ausgehenden Eozäns glich einem Paradies. Nach der zu Beginn der Epoche herrschenden Hitze wurde das Klima nun durch gemäßigtere Temperaturen bestimmt. In vielen Teilen der Erde gab es jetzt trockene und feuchte Jahreszeiten. Die tropischen und subtropischen Kontinente wurden von Mangrovensümpfen gesäumt, hinter denen sich dichte Regenwälder weit landeinwärts erstreckten. In Zentralasien, Afrika und Nordamerika brachte die Vegetation ausgedehnte Laub werfende Wälder hervor. Der Nordpol war noch nicht von Eis bedeckt, was bedeutete, dass sich jeden Sommer Plankton in großen Mengen bildete.

Unter den neuen klimatischen Bedingungen gediehen viele Säugetierarten. Die lichteren Laubwälder schufen Raum für immer mehr und immer größere Tiere. Asien wurde Heimat der gigantischen Brontotherien und mächtiger Fleischfresser wie dem *Andrewsarchus.* In Afrika entwickelten sich die frühen Elefanten *Palaeomastodon* und in Amerika die Uintatherien, eine Gruppe von riesigen, Flusspferden ähnelnden Tieren.

Riesige Wale wie *Basilosaurus* und kleinere wie *Dorudon* durchstreiften die Weltmeere, deren Fauna und Flora sich nur wenig von der heutigen unterschied. In allen Meeren gab es Korallenriffe, Haie, Seekühe, Schildkröten und andere Tiere, die auch heute noch in ähnlichen Arten vorkommen.

In Nordamerika, Europa und Asien bildeten die Huftiere viele Arten aus und etablierten die frühesten Vorfahren der modernen Pferde, Nashörner und Elefanten. Aber diese paradiesische Welt war dem Untergang geweiht.

Im äußersten Süden des Erdballs begannen Veränderungen wirksam zu werden, die dem Gang der Evolution im Känozoikum

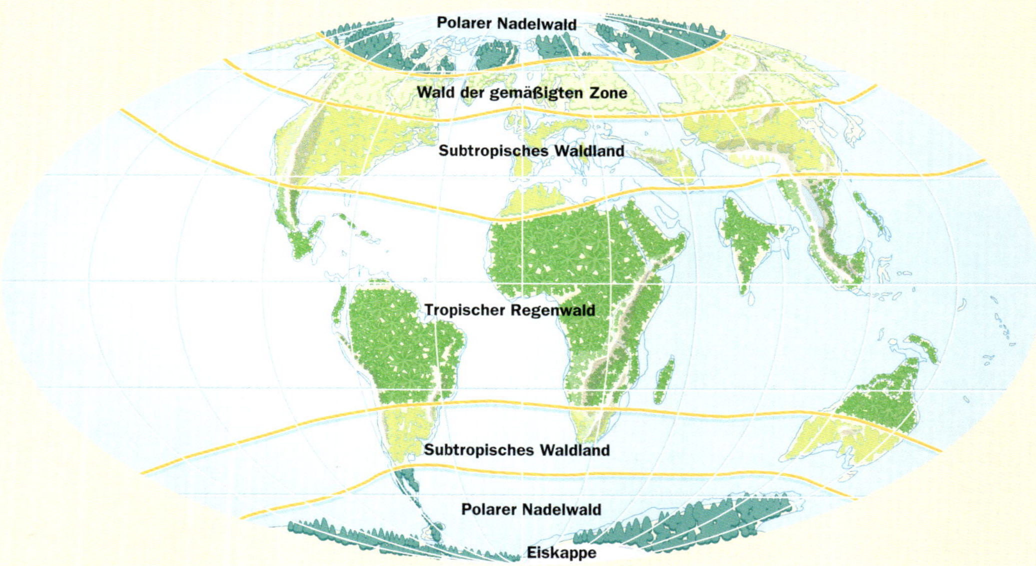

Kaltstart
Obgleich die globalen Temperaturen noch hoch und die Kontinente von ausgedehnten Wäldern bedeckt waren, machte sich die bevorstehende signifikante Abkühlung des Klimas bereits bemerkbar. Von den Polen her breiteten sich die Wälder der gemäßigten Zone immer weiter aus und im Süden begannen die Gewässer um die Antarktis zuzufrieren. Die Nordwärtsbewegung des afrikanischen Kontinents ließ das Tethys-Meer schrumpfen und in den Tropen trockene, unfruchtbare Regionen entstehen.

Alte Kuh
Wale waren nicht die einzigen Säugetiere, die das Wasser als Lebensraum entdeckten. In das Eozän fällt auch die Evolution der Seekühe.

Auf großem Fuß
Fossilien zeigen, dass die Beziehung zwischen den Blättern der Seerose und dem afrikanischen Blatthühnchen seit mehr als 30 Mio. Jahren besteht.

eine neue Richtung verleihen sollten. Da die Kontinente Australien und Südamerika nordwärts wanderten, wurde die Antarktis zunehmend isoliert. Über viele Hunderttausend Jahre sollte diese Isolierung einen negativen Einfluss auf das Klima zeitigen, da die Temperaturen auf dem antarktischen Kontinent und in den ihn umgebenden Meeren sanken. An seinen äußeren Rändern begann bereits das Meer zu gefrieren, erste Eisberge brachen ab und trieben nach Norden.

Am Ende des Eozäns schließlich begannen die eisigen antarktischen Wassermassen nordwärts zu treiben. Kaltes Wasser ist dicht, schwer und äußerst mobil, sodass die Abkühlung des Meeres innerhalb relativ kurzer Zeit bis zu den Bermuda-Inseln zu spüren war. Selbst das große Tethys-Meer sollte Anzeichen schwankender Temperaturen zeigen. Der ökologische Effekt dieser Abkühlung glich in etwa dem eines El Niño-Ereignisses, allerdings in wesentlich größerem Maßstab. Die tropischen Gewässer wurden kälter, die Fortpflanzungsmuster der Fische änderten sich und in ehedem reichen Meeren starb ein Großteil des Lebens ab. Auch zu Lande standen die Dinge nicht viel besser – das Klima veränderte sich und mit ihm die Regenhäufigkeit wie die davon abhängige Vegetation. Die Auswirkungen für die Fauna waren katastrophal. Nach 30 Millionen Jahren ungehinderter und erfolgreicher Entwicklung erlebten die Säugetiere nun ein erstes massenhaftes Artensterben.

In nur wenigen Millionen Jahren starben schätzungsweise 20% allen Lebens auf der Erde aus. Dies kommt zwar nicht annähernungsweise dem großen Sterben am Ende der Kreidezeit gleich, reichte aber, um den Lauf der Evolution zu ändern. Die Auswirkungen des antarktischen Kaltwassers trafen das marine Ökosystem von Fischen, Plankton, Korallen und anderen Lebensformen besonders hart. Von nun an sollte die Erde allmählich kälter und das Leben wesentlich rauer werden.

Grüner Saum
Die Ufer des Tethys-Meeres wurden von Mangrovensümpfen gesäumt. Heute finden sich ihre versteinerten Wurzeln in den Sanddünen der Sahara.

Relikt aus der Vergangenheit: Ein Zeichen für die Abstammung des *Basilosaurus* von an Land lebenden Vorfahren sind die Zähne, die denen der Raubtiergruppe der Mesonychiden gleichen.

Tethys-Meer lebende Walart. Er ist ein nimmersatter Räuber, der Alptraum eines jeden Hais.

Dieses Exemplar, ein Weibchen, verharrt scheinbar regungslos und doch verringert es den Abstand zwischen sich und seiner Beute unerbittlich. Dann lässt es sich ein wenig tiefer sinken, wo es kaum zu erkennen ist. Als das *Basilosaurus*-Weibchen sich auf etwa 30 Meter seiner Beute genähert hat, wird es von dem Hai bemerkt. Er versucht zu fliehen, doch der *Basilosaurus* gewinnt mit einem einzigen Schwanzschlag rasch an Tempo und nimmt die Verfolgung auf. Immer dichter drängt er sein Opfer an die Küste. Nach etwa 200 Metern tut der Hai, worauf sein Verfolger spekuliert hat: In einem verzweifelten Befreiungsversuch trachtet er in Richtung offenes Meer zu entkommen und schwimmt damit dem *Basilosaurus* direkt ins geöffnete Maul. Nur zweimal beißt der gigantische Räuber zu, dann ist der Hai in seinem Schlund verschwunden. Der *Basilosaurus* taucht an die Wasseroberfläche, um Luft zu holen. Dann lässt er sich wieder sinken und schwimmt in die Mitte der Meerenge hinaus.

Dieses Weibchen hat eine Länge von etwa 15 Metern, sein Rücken ist dunkelgrau gesprenkelt, die Unterseite blassgrau. Sein geradezu elegant wirkender Körperbau lässt kaum vermuten, dass diese so hervorragend an das

Rachen des Todes
Aus den Tiefen des Wassers emporschnellend, hebt der enorm kräftige *Basilosaurus* seine Beute in die Höhe.

Strandmonster
In der viktorianischen Zeit glaubten die Menschen, dass Seeschlangen tatsächlich existierten. Die Fossilfunde vom *Basilosaurus* schienen diese Überzeugung wissenschaftlich zu untermauern.

Eine echte Seeschlange

In der Vorstellung der Menschen des frühen 19. Jahrhunderts waren Seeschlangen durchaus kein Mythos – man hielt sie für real und nahm regen Anteil an jedem neu auftauchenden vermeintlichen Beweis für ihre Existenz. 1832 fand der amerikanische Paläontologe Dr. Richard Harlan einen einzelnen Wirbelknochen und klassifizierte ihn als Teil eines riesigen, ausgestorbenen Meeresreptils, dem er den Namen *Basilosaurus* (Königsreptil) gab. Einige Zeit darauf gelangte er in den Besitz eines Kieferknochens, den er dem gleichen Tier zuordnete.

Seemannsgarn
Obwohl es nicht den geringsten Beweis für die Existenz von riesigen Seeschlangen gibt, wird in den Medien – wie in dieser brasilianischen Zeitschrift aus den 1950er Jahren – immer wieder über Begegnungen mit ihnen berichtet.

Wenig später entdeckte der Besitzer eines Kuriositätenkabinetts aus St. Louis, Missouri versteinerte Wirbelknochen verschiedener Individuen, die er zu einer spektakulären schlangenähnlichen Kreatur von 40 Meter Länge zusammensetzte. Mit dieser »Seeschlange« ging er auf eine höchst erfolgreiche Tournee durch die USA und Europa. Um seiner Seeschlange noch mehr Glaubwürdigkeit zu verleihen, verwendete er die Identifizierung von Harlan.

Die Crux war allerdings, dass Harlan ein Fehler unterlaufen war. Er hatte die Zähne ignoriert, die wie bei einem Säugetier unterschiedlich ausgebildet waren und nicht einheitlich wie bei einem Reptil. Als Harlan mit seiner Entdeckung nach London eingeladen wurde, untersuchte der britische Anatom Richard Owen Kiefer und Zähne des *Basilosaurus* und gelangte zu dem Schluss, dass sie zu einem Säugetier gehören müssten. Harlan blieb nichts anderes übrig, als seinen Irrtum zuzugeben und Owen zerknirscht zu gestatten, den Namen der merkwürdigen Kreatur in *Zeuglodon* (was so viel heißt wie »Jochzahn«) zu ändern.

Harlan starb im darauf folgenden Jahr von der Öffentlichkeit weitgehend vergessen, doch er sollte den letzten Stich machen: Der Name, den er dem großen Wal gegeben hatte, lebt bis heute fort.

Leben im Wasser angepassten Tiere erst vor 15 Millionen Jahren vom Land in die Meere zurückwanderten. Sie gleichen eher riesigen Seeschlangen als einem Säugetier. Einzig die Zähne verraten ihre Herkunft. Wenn auch wesentlich größer, so haben sie doch eine unverkennbare Ähnlichkeit mit den Reißzähnen an Land lebender Mesonychiden, Fleisch fressender Raubtiere, die mit den *Basilosaurus* entfernt verwandt sind.

Während das *Basilosaurus*-Weibchen ins offene Meer hinausschwimmt, wird der Körper durch vertikale Schläge der Schwanzflosse angetrieben. Diese Bewegung findet sich nur bei Säugetieren und ist ein weiteres Indiz für die Verwandtschaft des Wales mit seinen an Land lebenden Vorfahren.

Basilosauriden sind die größten Wale, die die Evolution bis zu diesem Zeitpunkt hervorgebracht hat. Wenn diese Tatsache sie auch an die Spitze der Nahrungskette stellt, schützt ihre Größe sie doch nicht vor den veränderten Lebensbedingungen, die das Ausbleiben der Strömungen im östlichen Ausläufer der Tethys mit sich bringt. Die Mehrheit ihrer Artgenossen musste die Meerengen bereits verlassen, um Nahrung zu finden. Auch dieses Weibchen bildet keine Ausnahme, und der Hai war vermutlich ein willkommener Bissen auf der langen Reise nach Westen.

Während der Wal entlang den Klippen schwimmt, sucht er fortwährend nach Beute. Kurz vor Sonnenuntergang sieht er sich plötzlich von einer *Dorudon*-Schule umringt. Dies sind kleinere Wale von nur etwa 5 Metern Länge. Aber sie sind schneller als der *Basilosaurus* und zu groß, als dass sie für ihn als Beutetiere in Frage kämen. Dennoch ist das Spiel, das sie nun beginnen, nicht ungefährlich für sie: ernsthaft provoziert, könnte der Gigant ihnen schwere Verletzungen zufügen. Die Schule folgt ihm eine Zeit lang, dann überholen ihn zwei *Dorudon*-Männchen und setzen sich genau vor das Weibchen. Wiederholt kreuzen sie seinen Kurs. Doch es lässt sich nicht auf ihre Provokationen ein. Bald werden die Dorudonten des Spiels müde und verschwinden, während der Wal weiter in westliche Richtung zieht.

Dorudon

Eng mit dem *Basilosaurus* verwandt, aber kürzer und kompakter. Die ersten Funde machte man an Orten, an denen auch *Basilosaurus* vorkam. Da sich die beiden Säugetiere derart glichen, nahm man an, dass Dorudonten Jungtiere vom *Basilosaurus* wären. Kürzlich wurden *Dorudon*-Jungtiere entdeckt, bislang jedoch noch nie ein *Basilosaurus*-Junges.

NACHWEIS: In Nordamerika und den Ablagerungen der Fayum-Senke.

GRÖSSE: 5 Meter lang.

NAHRUNG: Kleine Fische und Mollusken.

ZEIT: Vor 40–36 Millionen Jahren.

Gefährliche Spiele

(FOLGENDE DOPPELSEITE)

Eine Gruppe junger *Dorudon*-Wale belästigt ein *Basilosaurus*-Weibchen. Der Riesenwal ist zwar keine Gefahr für ausgewachsene Dorudonten, aber Jungtiere sind ihm eine willkommene Beute.

80 Grad östlicher Länge Etwa eine Woche ist vergangen, seit das *Basilosaurus*-Weibchen die Meerenge durchquert hat. Es nähert sich nun dem nördlichen Ufer des Tethys-Meeres und es ist nicht mehr allein. Ein großes Männchen begleitet es, sich dicht zu seiner Rechten haltend. Zwar steigen beide Tiere in regelmäßigen Abständen gemeinsam an die Wasseroberfläche, um Luft zu holen, doch die Annäherungsversuche des Männchens werden nicht erwidert. Der Bulle ist noch recht jung: Obgleich etwa 18 Meter lang, zeigt seine Haut nicht die Narben, die ältere Tiere aufweisen. Offenbar hält das Weibchen noch nach einem älteren Partner für die Paarung Ausschau.

Und tatsächlich, als sie sich den trüben Gewässern unweit einer Flussmündung nähern, stößt ein zweiter Bulle zu ihnen. Er ist etwas größer und sein Körper von Narben bedeckt. Eine Weile noch behauptet das jüngere Männchen seine Position, während sich der Neuankömmling abwartend im Hintergrund hält. Doch schließlich ist es das Weibchen, das die Initiative ergreift, indem es plötzlich nach links abdreht. Mit raschen Bewegungen schiebt sich das ältere Männchen zwischen das Weibchen und den Rivalen, stößt einen Schwall von Luftblasen aus und schlägt mit dem Schwanz aufs Wasser, wodurch es seine Bereitschaft zum Kampf signalisiert. Der jüngere Bulle nimmt die Herausforderung an, klappert aggressiv mit dem Kiefer und versucht um den Älteren herumzuschwimmen. Doch der verstellt ihm beharrlich den Weg. Schon bald gewinnt er aufgrund seiner Erfahrung und Größe die Oberhand und schlägt den Jüngeren kampflos in die Flucht.

Als er sich jedoch wieder der Walkuh zuwendet, scheint sie noch nicht zur Paarung bereit zu sein. Das Männchen wird immer zudringlicher in dem Versuch, das Weibchen dazu zu bringen, sich auf die Seite zu drehen. Es vergeht fast eine Stunde, bis sie ihm gestattet, sich ihr zu nähern. Sie lässt sich an die Wasseroberfläche treiben und dreht sich endlich auf die Seite. Als er sich an sie drängt, wird ein weiteres Merkmal sichtbar, das auf die Herkunft

Synchronschwimmen
Mit Hilfe der stark zurückgebildeten hinteren Gliedmaßen halten sich die *Basilosaurus*-Wale bei der Paarung aneinander fest.

der ursprünglich an Land lebenden Vorfahren der Basilosauriden verweist. Männchen wie Weibchen verfügen am Hinterleib über ein Paar winziger Gliedmaßen, die sie jetzt nutzen, um die Penetration des Penis zu erleichtern.

Der Paarungsakt selbst dauert nicht lange, wird sich aber in den nächsten Tagen noch etliche Male wiederholen. Von nun an wird das Männchen seine Partnerin noch eine ganze Weile begleiten, um sich seinen Platz an ihrer Seite nicht von anderen Bullen streitig machen zu lassen.

In dieser Zeit wird das Weibchen vermutlich weiter nach Westen ziehen, wo es mehr Nahrung gibt. Will die Kuh die Schwangerschaft erfolgreich zu Ende bringen, muss sie nach den besten Jagdgründen suchen. Die Gestade hier unterscheiden sich grundlegend von den kargen Klippen im Osten. Über Hunderte von Kilometern erstrecken sich vor langen Sandstränden und einer ausgeprägten Dünenlandschaft seichte, von Korallenriffen durchzogene Gewässer, nur gelegentlich durchbrochen von Buchten, wo der von Flüssen angeschwemmte Schlamm die Korallenbarrieren zerstört hat. Jenseits der Dünen hat der karge Boden einen durch niedrig wachsende tropische Pflanzen geprägten Lebensraum hervorgebracht, der kaum Deckung bietet. Die Säugetiere, die hier zwischen Palmen und Yuccas leben, sind größer als die in den Wäldern lebenden Tiere. Einige sind sogar nur wenig kleiner als die längst ausgestorbenen Dinosaurier.

Im Schatten eines hohen Yuccahains hat eine Herde von Brontotherien Schutz gesucht vor der Hitze der Mittagssonne. Diese auch »Donnertiere« genannten Unpaarhufer zählen zu den größten Pflanzenfressern der Erde. Die Männchen erreichen eine Schulterhöhe von bis zu 3 Metern und ein Gewicht von mehr als 1 Tonne. Im Schatten stehend oder liegend kauen die Tiere der Herde an den Resten ihrer Morgenmahlzeit. Ihre panzerartige Haut ist von trockenem Schlamm überzogen, der ihnen nicht nur Kühlung verschafft, sondern auch Insekten fern hält.

Männchen

Weibchen

Brontotherium
Die im Eozän weit verbreitete Gruppe von Tieren ist mit den Nashörnern, Tapiren und Pferden verwandt und hat sich gut an offenes Gelände angepasst. Vermutlich weideten sie in großen Herden in Asien und Amerika.

NACHWEIS: Brontotherien wurden an mehreren Fundorten in der Mongolei und in großer Zahl in Wyoming gefunden.

GRÖSSE: Ca. 2,5 Meter Schulterhöhe.

NAHRUNG: Weidete die unteren Zweige von Bäumen ab sowie Büsche und andere weiche, leicht verdauliche Vegetation.

ZEIT: Vor 55–30 Millionen Jahren.

Bully
Zwei riesige Brontotherien nehmen sich in Augenschein. Derartige Begegnungen arteten selten in Kämpfe aus, da der kleinere Bulle nach kurzer Zeit den Rückzug antrat.

Auch wenn die erwachsenen Tiere aufgrund ihrer Größe Angriffe von Raubtieren kaum befürchten müssen, bleibt die Herde für gewöhnlich beieinander, um den Jungen Schutz zu bieten. Heute jedoch hat sich eines der Weibchen abgesondert und steht allein zwischen Buschwerk und Kakteen. Zu seinen Füßen liegt ein totes Neugeborenes, das es in der Nacht zur Welt gebracht hat. Offenbar kann es noch immer nicht begreifen, warum sein Junges nicht aufsteht. Dem Mutterinstinkt folgend, beugt es sich über den Leichnam und stupst ihn mit dem Kopf hilflos an.

Nach Stunden geduldigen Wartens beginnt sie plötzlich unruhig zu werden und mit den Füßen zu stampfen. Durch das Buschwerk schleichend, nähert sich ein *Andrewsarchus*, ein großer Aasfresser, der vermutlich den Geruch des Kadavers aus einigen Kilometern Entfernung wahrgenommen hat. *Andrewsarchus* ist die größte Art einer Gruppe von Raubtieren, die man als Mesonychiden bezeichnet. Entfernt mit den Walen verwandt, sind sie Ungulaten, haben also Hufe statt Krallen. Diese Tatsache kommt ihrer Lebensweise als Aasfresser entgegen, erlauben ihnen die Hufe doch, auf der Suche nach Nahrung auch große Entfernungen zurückzulegen. Außerdem verfügt der *Andrewsarchus* über riesige Kiefer, die mit fast 1 Meter Länge nicht nur hervorragend zur Zerkleinerung von Knochen geeignet sind, sondern auch Rivalen in die Flucht zu schlagen vermögen.

Während er sich dem *Bronthoterium*-Weibchen nähert, sträubt er die dunkelbraunen Nackenhaare und schnappt nach ihm. Doch so leicht gibt die Mutter ihr Junges nicht auf. Sobald sie den Aasfresser entdeckt hat, greift sie ihn schnaubend mit gesenktem Kopf an. Geschickt weicht der *Andrewsarchus* ihr aus und galoppiert zur Seite, sodass nun ein dicker Yuccastamm zwischen ihm und dem aufgebrachten Muttertier liegt. Sie kehrt zu ihrem Jungen zurück, versucht es auf ihr Horn zu nehmen und in Sicherheit zu bringen. Doch es gelingt ihr nicht, das Junge wegzutragen, und so bleibt sie bei ihm, schutzlos dem Angreifer ausgeliefert.

Andrewsarchus
Größter Vertreter der Mesonychiden, einer Gruppe von Fleischfressern, die eng verwandt mit herbivoren Huftieren sind. Bisher ist nur ein einziger Schädel vom *Andrewsarchus* bekannt. Fossilien von Mesonychiden wurden in der Regel einzeln und in der Nähe von Wasser gefunden; vermutlich führte diese Verbindung mit dem Wasser dazu, dass eine Untergruppe der Mesonychiden gänzlich zu marinen Lebewesen wurde – den Walen.
NACHWEIS: Mesonychiden wurden in Asien, Europa und Amerika gefunden, der Schädel des *Andrewsarchus* in der Mongolei.
GRÖSSE: Der gefundene Schädel ist 83 cm lang. Demnach wäre *Andrewsarchus* 1,9 Meter groß und 5 Meter lang gewesen – der größte Fleisch fressende Landsäuger, der jemals gelebt hat.
NAHRUNG: Vermutlich Aasfresser; vielleicht nutzte er seine riesigen Kiefer, um Schildkröten zu knacken oder kleine Krokodile zu erlegen.
ZEIT: Vor 60–32 Millionen Jahren.

High Noon
Instinktiv verteidigt ein *Bronto-therium*-Weibchen sein Junges gegen einen *Andrewsarchus*, auch wenn es tot geboren wurde.

Dekoratives Kennzeichen: Alle Brontotherien hatten Hörner unterschiedlicher Form und Größe ausgebildet. Da sie aber aus sprödem Knochenmaterial bestanden, waren sie für Kämpfe wenig geeignet. Überdies dürfte jede Verletzung am Horn äußerst schmerzhaft für das Tier gewesen sein.

Wer zuerst kommt, mahlt zuerst
Zwei *Andrewsarchus* streiten um ein totes, von seiner Mutter verlassenes *Brontotherium*-Junges.

Immer wieder kommt es im Verlauf des langen, heißen Nachmittags zu kleinen Angriffen des *Andrewsarchus*, bis die *Brontotherium*-Kuh allmählich doch das Interesse an ihrem toten Jungen verliert. Noch kehrt sie zwar immer wieder zu ihm zurück, sobald sie den Aasfresser einmal mehr davongejagt hat, doch von Mal zu Mal langsamer. Gegen Abend taucht ein zweiter *Andrewsarchus* auf und damit scheint das Schicksal des Kadavers besiegelt. Noch einmal stellt sich das Weibchen den Angreifern bellend entgegen, doch dann kehrt sie nicht mehr zu dem Jungen zurück. Zähnefletschend stürzen sich beide *Andrewsarchus* auf es und beginnen darum zu streiten.

Der Anblick des Kadavers, der bei dem Gezerre zwischen den beiden Aasfressern bizarre Zuckungen vollführt, macht die Kuh glauben, ihr Kalb sei noch am Leben, und noch einmal setzt sie zu einem Rettungsversuch an. Diesmal erwischt sie einen *Andrewsarchus* direkt am Becken und schleudert ihn über den sandigen Boden. Winselnd gelingt ihm die Flucht. Das Weibchen setzt nach, verliert ihn jedoch zwischen den Büschen aus den Augen. Währenddessen hat sein Artgenosse die Zeit genutzt, um den Kadaver in die Dünen zu schleppen, und beginnt zu fressen.

Allzweckwerkzeug: Der *Andrewsarchus* ist hervorragend an die Aufnahme unterschiedlicher Nahrung angepasst. Besonders effizient sind seine mächtigen Kiefer, die mit verschiedenartigen Zähnen ausgestattet sind, sodass das Tier praktisch jeden Kadaver zerreißen, durchbohren, aufschlitzen und zermalmen kann.

Entfernte Ähnlichkeit
Das Jagd- und Fressverhalten des *Andrewsarchus* wurde häufig mit dem einer Hyäne verglichen. Ähnlichkeiten liegen vor allem in der knochenbrechenden Kraft der Kiefer, allerdings war der *Andrewsarchus* vermutlich viermal so groß wie eine Hyäne.

Ein Schaf im Wolfspelz

Der *Andrewsarchus* ist mit seinen 5 Metern Länge das größte bekannte an Land lebende, Fleisch fressende Säugetier. Und doch ist er ein Huftier. Und das heißt: Er ist eher Schaf denn Wolf.

Unser Wissen über den *Andrewsarchus* basiert auf einem einzigen Schädel, den Roy Chapman Andrews, zugleich Namengeber für die Art, auf seiner Mongolei-Expedition in den 1920er Jahren fand (vgl. S. 130–131). Der Schädel ist wahrhaft von enormer Größe, misst er doch 83 cm Länge. Glücklicherweise sind auch einige Zähne erhalten geblieben, sodass sich Schlüsse auf seine Ernährungsgewohnheiten ziehen lassen.

Zuerst vermutete die Forschung, dass der Schädel zu einer Art riesigem Schwein gehören müsse. Er verfügt über einen langen, schmalen Kiefer und die Zähne sind von unterschiedlicher Form und Größe. Daraus kann man schließen, dass der *Andrewsarchus* eine ganze Palette von Nahrung zu sich nehmen konnte. Mit den vorderen Reißzähnen konnte er Fleisch greifen und zerreißen, während es ihm die hinteren Backenzähne ermöglichten, Knochen und Schalen, vielleicht aber auch Nüsse und Wurzeln aufzubrechen und zu zermahlen. Mit anderen Worten: *Andrewsarchus* konnte vermutlich nahezu alles fressen, was ihm vor die Reißzähne kam. Eine eingehende Untersuchung der einzelnen Zähne ergab, dass sie abgeschliffen und gebrochen waren, also zum Zerkleinern äußerst harter Nahrung gedient haben müssen. Damit war die Vermutung, es könne sich beim *Andrewsarchus* um ein Schwein handeln, widerlegt. Vielmehr passten die Zähne zu einer Fleischfressergruppe, den Mesonychiden. Deren äußerst kräftig ausgebildete Gliedmaßen waren nicht auf Schnelligkeit ausgelegt und vor allem hatten diese Tiere keine Krallen, um große Beutetiere schlagen zu können. Stattdessen endeten ihre Zehen in kleinen Hufen, ein untrügliches Anzeichen dafür, dass sie mit heutigen Huftieren wie Pferden und Schafen verwandt sind. Vor diesem Hintergrund herrscht unter Forschern heute die einhellige Meinung, dass die Mesonychiden, also auch *Andrewsarchus*, Aasfresser waren.

Furcht erregendes Fossil
Bekannt ist vom *Andrewsarchus* lediglich ein einziger, aber äußerst bemerkenswerter Schädel.

Inzwischen ist es fast Abend geworden und ein von See kommender Wind peitscht Sand über den Strand. Der *Andrewsarchus* kneift die Augen zusammen, während er den Kadaver verschlingt. Etwa 20 Meter vor ihm erhebt sich plötzlich eine große Kuppel aus der Brandung. Schon bald folgt weiter unten am Strand eine zweite, dann eine dritte und so fort.

Es sind Karettschildkröten, die an den Strand kommen, um hier ihre Eier abzulegen. Als die Nacht hereinbricht, sieht sich der *Andrewsarchus* Hunderten dieser Tiere gegenüber. Sie haben Glück, denn normalerweise gibt es für den Räuber kein größeres Vergnügen, als ihre Nester zu plündern. Mit seinen kräftigen Kiefern ist er sogar in der Lage, die Panzer kleinerer Exemplare zu knacken, um an das Fleisch zu kommen. Doch heute Abend ist er satt und die Schildkröten sind nur eine lästige Störung für ihn, sodass er sich schließlich davonmacht. Doch diesen Strandabschnitt wird er sich merken, um irgendwann zurückzukehren und die Gelege der Schildkröten auszurauben.

Die Weibchen brauchen Stunden, um den Strand hinaufzukrabbeln, ein Loch in den Sand zu graben, ihre Eier abzulegen und ins Meer zurückzukehren. Als der Morgen graut, versuchen mehrere Hundert erschöpfte Schildkröten in tieferes Wasser zu gelangen, um auszuruhen und nach Nahrung zu suchen. Doch dies ist die Stunde des *Basilosaurus*. Das Weibchen steigt aus der Tiefe auf und bekommt die Flosse einer Schildkröte zu fassen. Nach kurzem Kampf kann sie sich befreien – ohne ihre Flosse. Die Schale der Karettschildkröten ist selbst für einen *Basilosaurus* nicht zu knacken, doch das Weibchen gibt sich auch damit zufrieden, seine Beute Stück für Stück auseinander zu nehmen. Die einzige Rettung für die Reptilien besteht darin, sich auf den Meeresboden zu flüchten und zu hoffen, dass der Wal weiterzieht. Schließlich sind Schildkröten für das Weibchen kaum mehr als ein Imbiss – seine Reise nach Westen halten sie nicht auf. Die aufgehende Sonne im Rücken, zieht die Walkuh weiter. Noch folgt ihr der riesige Bulle, doch schon bald wird er sie auf der Suche nach anderen Weibchen verlassen.

Ausgespielt
Der Panzer bewahrt Schildkröten vor den allermeisten Angriffen. Aber gegen einen *Andrewsarchus* bietet er keinen Schutz.

35 Grad östlicher Länge Nach Wochen kommt das *Basilosaurus*-Weibchen in den seichten, warmen Gewässern des westlichen Tethys-Meeres an. Diese uralten Wasserwege waren schon im Zeitalter der Dinosaurier von maritimem Leben erfüllt. Die Walkuh jagt vor allem in tiefem Wasser, ist sie doch zu lang, um sich zwischen den Korallenriffen vor der Küste hindurchzuschlängeln. Gelegentlich aber findet sich auch hier ein ganz besonderer Leckerbissen.

Vor der Küste Südafrikas wird das Weibchen in eine Tiefwasserrinne hineingezogen, die durch eine Lücke in den Korallenriffen führt. Sand, der durch eine breite Flussmündung immer wieder ins Meer geschwemmt wird, hat diese Lücke nicht nur geschaffen, sondern sorgt auch dafür, dass sie nicht wieder zuwachsen kann. Im graublauen Wasser treibt der Kadaver eines *Brontotherium*, das vermutlich aus dem Landesinnern angeschwemmt wurde. Haie haben sich bereits eingefunden und damit begonnen, dem leblosen Körper zuzusetzen. Sie stellen für den *Basilosaurus* keine ernst zu nehmende Konkurrenz dar. Doch ein paar Meter tiefer kreisen zwei *Isurus*-Haie, Vorfahren des großen Weißen Hais, die dem Walweibchen schon gefährlicher werden können.

Die uralten Wasserwege waren schon im Zeitalter der Dinosaurier von maritimem Leben erfüllt

Während sich der *Basilosaurus* noch abwartend im Hintergrund hält, zerfetzen die kleineren Haie den Kadaver. Schließlich ist es ihnen gelungen, den Kopf vom Rumpf des *Brontotherium* abzutrennen, der nun auf den Meeresboden fällt. Schon bald wird auch der Rest des Kadavers sinken und zum Fraß der Schleimaale werden. Als ein dritter *Isurus* auftaucht, beschließt der *Basilosaurus* weiterzuziehen. Er wird leichtere Beute finden.

Die Flussmündung formt eine große Bucht mit etlichen tieferen Rinnen. Saftige Algenwiesen erstrecken sich hier, auf denen die rundlichen Umrisse von Seekühen zu erkennen sind. Wie die Wale waren auch sie bis

Waldfrüchte
Die Wälder um das Tethys-Meer sind voller Früchte. Der Affe *Apidium* ist nur eine der zahlreichen Arten, die die Fähigkeit entwickelt haben, dieses Nahrungsangebot zu nutzen.

Apidium
Die Gliedmaßen dieses an das Leben in den tropischen Wäldern Nordafrikas angepassten Primaten waren darauf ausgelegt, von Ast zu Ast zu springen. Die Männchen verfügten über lange Eckzähne, die in erster Linie dem Kampf gegen männliche Artgenossen dienten. Im Gegensatz zu ihren nachtaktiven Vorfahren waren diese Primaten tagaktiv und nutzten zur Nahrungssuche eher ihren Seh- als den Geruchssinn.
NACHWEIS: *Apidium* gehört zu den häufig vorkommenden Primatenfossilien in Fayum.
GRÖSSE: 25–30 cm lang (ohne Schwanz).
NAHRUNG: Früchte.
ZEIT: Vor 36–34 Millionen Jahren.

vor relativ kurzer Zeit an Land lebende, felltragende Säugetiere, die auf der Suche nach Nahrung ins Meer zurückgekehrt sind. Ausgewachsene Seekühe laufen aufgrund ihrer Größe kaum Gefahr, Opfer selbst so mächtiger Raubtiere wie *Basilosaurus* zu werden. Ihre Jungen dagegen sind schon eher gefährdet. So ist es ein Glück, dass diese Herde keine Kälber bei sich hat und das Walweibchen unverrichteter Dinge weiterziehen muss.

Vor ihm liegt die Fayum-Küste mit einigen der reichsten Bestände tropischer Dschungelpflanzen der Welt. Unmittelbar an den Strand grenzen dichte Mangrovensümpfe, doch gleich hinter ihnen erstrecken sich kilometerlang uralte Wälder voller riesiger Bäume mit massigen Stützwurzeln. Die zahlreichen Wasserwege sind voller Schwimmfarne und von Rohrkolben gesäumt. Die Mehrzahl der hier verbreiteten Bäume trägt Früchte und ist reich an Ölen und Harzen. So erklärt sich auch, dass die Abendluft von durchdringenden Düften und dem Kreischen der *Apidium*-Affen erfüllt ist, die auf der Suche nach reifen Früchten den Wald durchstreifen.

Wie die meisten Primaten leben *Apidium*-Affen auf Bäumen, dem ursprünglichen Lebensraum aller Säugetiere. Seitdem sie das ganze Jahr hindurch Früchte ausbilden, ist stets ausreichend Nahrung zu finden und die Affen sind Meister darin, das Angebot des Waldes zu ernten. Zahllose Flüsse durchziehen dieses Gebiet, die durchquert werden müssen. Wenn möglich, überspringen die Affen diese Hindernisse. Oft jedoch sind sie gezwungen zu schwimmen und genau darauf warten die aquatischen Raubtiere.

Als der *Basilosaurus* sich den Untiefen nähert, ist eine Affenhorde gerade dabei, eine mit Mangroven bestandene Rinne zu überqueren. Sie ist zu breit, als dass die Affen einfach hinüberspringen könnten. Aber aus der gegenüberliegenden Uferböschung ragen einige Wurzeln hervor. Diese versuchen die Affen mit einem Sprung zu erreichen, was den wendigeren von ihnen auch mühelos gelingt. Für die Muttertiere, die ihre Jungen tragen, und ältere Hordenmitglieder gestaltet sich die Überquerung dagegen schwieriger. Die meisten springen zu kurz und müssen klitschnass aus dem Wasser ans Ufer klettern. Um den fünften Affen, der in der Rinne landet, entsteht plötzlich Unruhe im Wasser. Und er taucht nicht wieder auf. Die Horde beginnt laut zu kreischen. Dann färbt sich das Wasser rot und eine graue Flosse durchschneidet die Oberfläche – der *Apidium*-Affe wurde von einem Hai getötet. Diese Raubtiere fordern einen hohen Blutzoll von den Affen.

Sprung ins Ungewisse
Auf ihrer Suche nach Nahrung in den Sümpfen müssen die *Apidium*-Affen die Wasserwege überwinden. Viele Raubtiere lauern dabei auf jene, die es nicht schaffen.

Hand und Fuß: Die Fähigkeit, Entfernungen genau abzuschätzen und die eigenen Bewegungen entsprechend zu koordinieren, unterscheidet die Primaten von den anderen Waldbewohnern. Sie hilft ihnen, von Ast zu Ast zu springen.

Unbekannte Sahara
Diese sonderbaren Felsen in der Sahara sind versteinerte Mangrovenwurzeln, ein Überbleibsel aus der fruchtbaren Vergangenheit der heutigen Wüstenregion.

Sagenhafte Fayum-Senke

Vermutlich gibt es kein besseres Beispiel für die Auswirkungen von klimatischen und geologischen Veränderungen als die Entdeckung von fossilen Mangrovenresten im Zentrum der Sahara. Die bis dahin im Verborgenen gebliebene fruchtbare Vergangenheit dieser gigantischen Wüste wurde zuerst in einer Region im nördlichen Ägypten, der Fayum-Senke, aufgedeckt. Mitte des 19. Jahrhunderts fanden Forscher im Wüstensand nicht nur versteinerte Bäume und Überbleibsel von Mangrovensümpfen, sondern auch durch Erosion freigelegte Walknochen. Damit stand fest, dass sich dort vor 35 Millionen Jahren ein erstaunlich fruchtbares Habitat befand. Frühe Walarten teilten sich das flache, warme Wasser mit Seekühen und Moeritherien. Über dem Wasser jagten Fischadler und die Wasserwege waren mit Seerosen bedeckt, die es großen Blatthühnchen erlaubten, die Rinnen zu überqueren. In den Bäumen der tropischen Wälder lebten Primaten und Beuteltiere, während unten am Boden Creodonten und riesige, Nilpferden ähnelnde Arsinoitherien umherstreiften.

1907 sandte das American Museum of Natural History in New York eine Expedition in die Fayum. Die Reisetagebücher des Expeditionsleiters, Walter Granger, beschreiben eindringlich die Schwierigkeiten, die

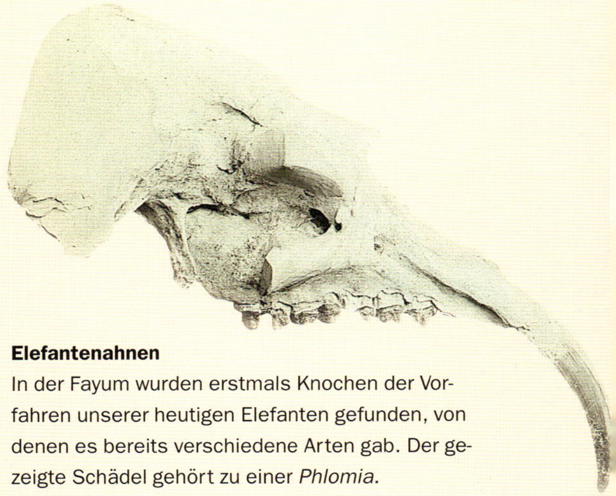

Elefantenahnen
In der Fayum wurden erstmals Knochen der Vorfahren unserer heutigen Elefanten gefunden, von denen es bereits verschiedene Arten gab. Der gezeigte Schädel gehört zu einer *Phlomia*.

durch den schlechten Erhaltungszustand der Fossilien entstanden. Während seines Aufenthalts wurde Granger ein Fossil übergeben, das die besondere Bedeutung der Fayum für die Evolution des Menschen unter Beweis stellen sollte. Es war ein linker Kieferknochen, den die amerikanischen Forscher nach ihrer Rückkehr fälschlicherweise als zu einem Huftier zugehörig klassifizierten, das sie *Apidium* nannten, was so viel heißt wie »kleiner Bulle«. Später stellte sich jedoch heraus, dass es die fossilen Überreste eines Primaten waren. Damit stand nach einer Zeitspanne von vierzig Jahren die Bedeutung der Fayum für die Erforschung unserer frühesten Vorfahren endgültig fest.

In den 1950er Jahren begann Elwyn Simons, ein Wissenschaftler der Universität

Oxford, über diese frühen Primaten zu forschen und untersuchte erneut die Funde aus der Fayum. Dabei stellte sich heraus, dass sie einer der entscheidenden Perioden der Primatenevolution zuzuordnen waren. In den 1980er Jahren begannen sich Forscherteams eingehender mit den frühen Walen zu befassen. Sowohl Primaten- als auch Walfossilien wurden und werden weiterhin ausgegraben und untersucht. Die Rolle der Fayum als einer der wichtigsten Fossilfundorte für das Verständnis der frühen Evolution einiger heute weit verbreiteter Säugetierarten ist damit unumstritten.

Familienähnlichkeit
Im Laufe der Evolution der Elefanten haben sich verschiedene Gruppen ausgebildet, darunter Gomphotherien (oben), Mastodonten und Mammuts.

Amerikaner im Ausland
Mit der Expedition des American Natural History Museum in die Fayum verließen 1907 zum ersten Mal amerikanische Paläontologen auf der Suche nach Fossilien ihr eigenes Land.

Vorfahren unserer Vorfahren

Die ersten Primaten unter all den anderen auf Bäumen lebenden Säugetieren des frühen Känozoikums zu identifizieren ist keine leichte Aufgabe. In Zweifelsfällen schaut die Paläontologie zuerst auf die Zähne und diese Vorgehensweise hat das Hauptaugenmerk auf eine Gruppe von Eichhörnchen ähnelnden Säugetieren gelenkt, die als Plesiadapiformes bezeichnet wird. Sie scheint im Paläozän sehr verbreitet gewesen zu sein, in unterschiedlichen Größen und von diverser Nahrung lebend. Die überwiegende Mehrzahl hat anscheinend in den Bäumen gelebt und sich von Insekten, Früchten, Blattwerk oder Samen ernährt. Einige haben vielleicht auch Baumsaft geleckt wie die modernen Krallenäffchen. Aufgrund der Form und Anordnung ihrer Zähne können sie bereits in die Nähe der Primaten gestellt werden.

Erst im Eozän jedoch tauchen die ersten eindeutigen Primaten auf – die Prosimier oder Halbaffen. Anders als die Plesiadapiformes weisen die frühen Prosimier viele Charakterisitika der modernen Primaten auf. Statt Krallen hatten sie flache Nägel; ihre Schnauzen waren kürzer, die Augen auf der Kopfvorderseite; die Beine waren länger und dünner und an den Hinterbeinen stand der große Zeh den anderen Zehen gegenüber. Sie verließen sich eher auf ihre Augen denn auf Nase oder Schnurrhaare. Die Prosimier teilten sich in zwei Hauptgruppen: die großäugigen, behände springenden Omomyiden und die Lemurenartigen Adapiden.

Die Fayum-Primaten überbrückten die Grenze zwischen Eozän und Oligozän. Neben den Prosimiern traten nun auch die ersten »höheren Primaten« auf, darunter auch *Apidium*. Diese Tiere begannen bereits »affenartig« auszusehen, obwohl sie noch immer über eine ganze Reihe von Merkmalen der Halbaffen verfügten, und bildeten den Ausgangspunkt für eine Entwicklung, an deren Ende schließlich auch der Mensch stehen sollte.

Eigenartige Verwandte
Die Prosimier oder Halbaffen bilden eine sehr alte Gruppe der Primaten, zu der auch die modernen Koboldmakis (oben) sowie die Lemuren gehören.

Vertrautes Gesicht
Höhere Primaten entwickelten sich erst gegen Ende des Eozäns, hatten dafür aber bereits ein eindeutig »affenartiges« Aussehen, diesem modernen Brüllaffen nicht unähnlich.

Der *Basilosaurus* ist zu groß, um hier Affen zu jagen. Er kreuzt stattdessen zwischen den Seegraswiesen und hält nach seiner bevorzugten Beute Ausschau, kleinen Haifischen. Heute aber bietet sich ihm etwas anderes als Beute an. Inmitten der Mangroven weiden einige Moeritherien die Pflanzen ober- und unterhalb der Wasserlinie ab. Mit ihrer Größe von weniger als 1 Meter gehören diese Flusspferden ähnelnden Kreaturen zu den Rüsseltieren. Ein deutlicher Hinweis, dass sie Verwandte der heutigen Elefanten sind, ist die Nase, die über das Maul herabhängt und hervorragend dazu geeignet ist, unter Wasser Pflanzen abzuweiden. Bei einigen der entfernten Verwandten des *Moeritherium* hat sich diese clevere Anpassung zu einem Rüssel weiterentwickelt und findet sich bei einer ganzen Dynastie großer Säugetiere wieder: Mastodonten, Elefanten und Mammuts.

Eines dieser kleinen rosa Tiere ist auf eine durch die Ebbe freigelegte Sandbank gewatet, um dort angeschwemmte Algen zu fressen. Doch mittler-

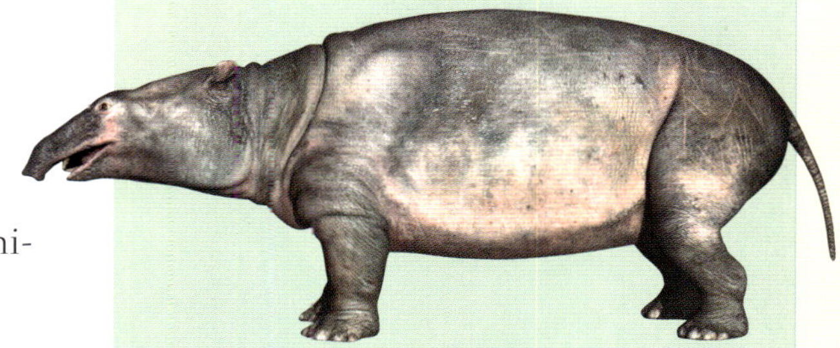

Moeritherium
Gegen Ende des Eozäns gab es bereits mehrere Mitglieder der Elefantenfamilie, von denen einige im Aussehen modernen Elefanten ähnlich waren. Die Gattung *Moeritherium* stellte einen Seitenzweig dar und lebte vermutlich wie die heutigen Flusspferde teilweise im Wasser.
NACHWEIS: Die ersten Fossilien wurden 1904 in der Fayum entdeckt, weitere Funde auch an anderen Ausgrabungsstellen in Nord- und Westafrika.
GRÖSSE: 0,7 Meter Schulterhöhe.
NAHRUNG: Seegras und andere Wasser- bzw. Ufervegetation.
ZEIT: Vor 36–33 Millionen Jahren.

Verschnaufpause
Die morastigen Ufer des Tethys-Meeres waren ideale Habitate für Tiere wie das *Moeritherium*, das sowohl am Land wie im Wasser lebte.

Former künftiger Lebewesen: Die charakteristisch lange Nase sowie die Stoßzähne des *Moeritherium* erwiesen sich als derart vorteilhaft, dass die entfernt verwandten Elefanten sie in vielen Formen und Varianten weiterentwickelten.

weile ist das Wasser zurückgekehrt und das *Moeritherium* ist von den Mangroven durch einen Strom schnell fließenden Wassers abgeschnitten. Nach einer kurzen Weile, in der es verzweifelte Klagerufe ausstößt, lässt es sich ins Wasser fallen und beginnt gegen die starke Strömung um sein Leben zu schwimmen. Der Versuch des kleinen Herbivoren, sich an Land zu retten, ist dem *Basilosaurus* nicht entgangen. Sein Geruchssinn hat ihn aufgespürt und der Wal versperrt die Gezeitenrinne. Sich der Gefahr noch nicht bewusst, kommt das *Moeritherium* mit seinen kurzen Beinen nur langsam voran.

Der *Basilosaurus* nimmt inzwischen direkten Kurs auf seine Beute. Als das *Moeritherium* seine Nase hochrichtet, um Luft zu holen, wird es plötzlich zur Seite geschleudert. Wie durch ein Wunder ist es unverletzt geblieben und nimmt sogleich wieder den verzweifelten Kampf gegen die Strömung auf. Bei dem Versuch, sich auf sein Opfer zu stürzen, hat sich der Wal mit einem energischen Schwanzschlag dicht vor ihm auf die Sandbank katapultiert. Zu zwei Dritteln liegt er nun auf dem Sand, während um ihn herum die Flut weiter in die Rinne strömt. Selbst kräftige Schwanzschläge vermögen den langen Körper nicht ins Wasser zurückzubefördern.

Endlich hat das *Moeritherium* die Mangroven erreicht und stolpert zwischen die Luftwurzeln der Bäume. Aus der Sicherheit der Zweige wirft es

Schwimmübungen
Ein *Moeritherium* wagt sich selten in tieferes Wasser. Im Notfall sind die Tiere jedoch trotz ihrer massigen Form gute Schwimmer.

Noch einmal davongekommen
Ein von der Flut auf einer Sandbank überraschtes *Moeritherium* macht nähere Bekanntschaft mit dem marinen Leben, als ihm lieb ist. Zum Glück des Herbivoren ist der angreifende *Basilosaurus* im seichten Wasser gestrandet und muss selbst um sein Leben kämpfen.

einen Blick zurück. Etwa 30 Meter entfernt windet sich der Wal in dem Versuch, ins Wasser zu kommen. Doch mit jeder Bewegung wird er durch die Strömung noch weiter auf die Sandbank geschoben.

Nachdem die Walkuh zweieinhalb Stunden lang gestrandet war, gelingt ihr die Rückkehr ins Meer

Das *Basilosaurus*-Weibchen ist in Gefahr – aus eigener Kraft kann es sich nicht befreien. Doch das Glück ist auf seiner Seite. Noch hat die Flut ihren Höchststand nicht erreicht, etwa 30 Zentimeter wird das Wasser noch steigen. Dies allein würde noch nicht ausreichen, um den schweren Körper ins Meer zurückzutragen; dazu bedarf es noch des Einsetzens der Ebbe und des damit einhergehenden Soges. Nachdem die Walkuh zweieinhalb Stunden lang gestrandet war, gelingt ihr endlich die Rückkehr ins Meer.

30 Grad östlicher Länge Fast ein Jahr ist inzwischen vergangen, seit sich das *Basilosaurus*-Weibchen gepaart hat. Den größten Teil dieser Zeit hat es sich im westlichen Tethys-Meer aufgehalten, wo es ausreichend Nahrung gefunden hat. Mit einem derart großen Fötus im Leib muss die Kuh beinahe ständig fressen – jede längere Hungerphase würde zu einer spontanen Fehlgeburt führen. Außerdem versucht sie, sich fit und gesund zu halten, um die Strapazen der Geburt zu überstehen. So hat sie die etwas merkwürdige Angewohnheit, den großen Leib am Meeresboden zu reiben. Wale mögen zwar die gefürchtetsten Raubtiere der Meere sein, doch für marine Parasiten sind sie vor allem willkommene Wirte. Und so haben sich auch in und auf der Haut dieses *Basilosaurus* die verschiedensten Plagegeister niedergelassen. Die »Peelings« auf dem Meeresboden helfen der Walkuh, Parasiten wie Läuse und Seepocken zu entfernen.

Das Weibchen taucht etwa 10 Meter tief auf den Grund, der von Nummuliten bevölkert ist – Einzellern, die in etwa münzgroßen Schalen wohnen.

Sichere Entfernung
Zurück auf dem Trockenen beobachtet das *Moeritherium* die verzweifelten Befreiungsversuche des Wals, der es beinahe verspeist hätte.

Steinwale
Philip Gingerich gräbt Walfossilien in Ägypten aus, die vielleicht einstmals Zeugen an einem Massaker waren, das ein räuberischer *Basilosaurus* unter jungen *Dorudon*-Walen anrichtete.

Tal der Wale

Auch wenn man in Ägypten eher das »Tal der Könige« kennt – es gibt dort auch ein Tal der Wale, das unweit Kairos in der Wüste liegt. Auf relativ engem Raum konzentrieren sich in diesem als Zeuglodon-Tal bekannten Tal versteinerte Reste von Hunderten *Basilosaurus*- und *Dorudon*-Walen. Das Gebiet gehört zu den fossilführenden Schichten der Fayum und stellt die Paläontologie seit jeher vor ein Rätsel – warum hier und warum so viele? Zu weiteren dortigen Fossilienfunden zählen Haie, Krokodile und Moeritherien, was zu der Annahme Anlass gegeben hat, dass sich hier einst eine geschützte Bucht oder ein ruhiger Flussarm befunden haben könnte. Die These, dass sich Wale in die seichten Gewässer verirrt und dort gestrandet sein könnten, ist angesichts des Erhaltungszustands der Fossilien nicht haltbar: dagegen spricht die Vollständigkeit der Skelette sowie die Tatsache, dass sie nicht von der Sonne ausgebleicht sind.

Weiteren Aufschluss über die rätselhafte Häufung von Skeletten gab eine Studie von Prof. Philip Gingerich, der feststellte, dass alle *Basilosaurus*-Skelette von ausgewachsenen Tieren stammen, während die Knochen der *Dorudon*-Wale sowohl jungen als auch erwachsenen Tieren zuzuordnen sind. Mehr noch, viele der Skelette der *Dorudon*-Jungen zeigen Spuren, die auf Angriffe eines wesentlich größeren Tieres hindeuten. Als Angreifer kommt nur ein mariner Räuber in Frage – *Basilosaurus*. Daher schloss Gingerich, dass die Dorudonten in die Bucht gekommen sein mussten, um ihre Jungen zur Welt zu bringen, und dann vom *Basilosaurus* angegriffen wurden.

Gingerich machte bei seinen Untersuchungen der *Basilosaurus*-Skelette noch eine weitere Entdeckung: Er fand Hinweise darauf, wie diese gigantischen Wale sich gepaart haben könnten. Bis dahin war man davon ausgegangen, dass sich bei *Basilosaurus* die Hinterbeine völlig zurückgebildet hatten. Dank umsichtiger Grabungstechniken fand Gingerich zwei winzige, jedoch vollständig erhaltene Beine an einem Skelett und schloss daraus, dass diesen verkümmerten Gliedmaßen nur eine Funktion bei der Paarung zugekommen sein kann.

Tyrann des Tethys-Meeres
Selbst ein laienhafter Blick auf den Schädel des *Basilosaurus* macht deutlich, wie dieser Wal zu seinem Furcht erregenden Image kam.

Diese erfolgreichen Bewohner des Tethys-Meeres bedeckten zur Zeit des Eozäns weite Bereiche des Meeresbodens. Einige bis zu 100 Jahre alte Exemplare erreichen einen Durchmesser von mehreren Zentimetern.

Schlangengleich schiebt die Walkuh ihren Körper über die Nummuliten und wirbelt dabei Wolken von Sand auf. Als sie damit fertig ist, treiben hauchdünne Hautfetzen im Wasser. Einige Parasiten wird sie auf diese Weise losgeworden sein, doch der Kampf gegen sie ist eine Lebensaufgabe.

Je näher der Zeitpunkt der Niederkunft rückt, desto mühseliger wird für die Walkuh die Jagd nach Nahrung. Doch sie hat Glück. Einmal mehr hat sie das offene Wasser verlassen und sich der Küste genähert, wo sie eine ausgedehnte, seichte Bucht entdeckt hat. Hierher kommen jedes Jahr Herden kleinerer Wale, um ihre Jungen zur Welt zu bringen. Als die *Basilosaurus*-Kuh die Bucht erreicht, befinden sich in ihr bereits mehrere Tausend *Dorudon*-Wale und einige Hundert Kälber. Die Jungen halten sich dicht an der Seite ihrer Mütter, da sie noch nicht kräftig genug sind, um ausdauernd zu schwimmen. In regelmäßigen Abständen werden sie sanft an die Wasseroberfläche geschoben, um Luft zu holen. All das bedeutet, dass sie in den ersten Tagen nach der Geburt leichte Beute für Raubtiere sind.

Das *Basilosaurus*-Weibchen schlängelt sich zielstrebig durch die Korallen, bis es das seichtere Wasser der Bucht erreicht. Ausgewachsene *Dorudon*-Wale sind kräftig genug, um selbst einen *Basilosaurus* wirkungsvoll anzugreifen. Und so wird die Walkuh auch, sobald sie in der Bucht auftaucht, von einigen Walweibchen attackiert, die nach ihr schnappen und mit den Schwanzflossen schlagen. Doch sie ignoriert diese Drohgebärden und beginnt durch die Bucht zu kreuzen. Unter den *Dorudon*-Walen kommt Unruhe auf. Um dem Räuber auszuweichen, müssen sie nun ständig in Bewegung bleiben. Von Zeit zu Zeit schwimmt die *Basilosaurus*-Kuh mitten in eine Schule hinein, doch noch schlägt sie nicht zu, sondern schwimmt jedes Mal wieder in den der offenen See zugewandten Teil der Bucht zurück.

Körperpflege bei Walen
Ein *Basilosaurus* schiebt sich über den Meeresgrund, um Hautschichten und mit ihnen eine Menge Parasiten abzureiben, die den Wal regelmäßig peinigen.

Nach etwa einer halben Stunde macht sich ihre Strategie bezahlt. Die Neugeborenen haben Schwierigkeiten, mit ihren Müttern mitzuhalten. Bei ihrem nächsten Angriff treibt der *Basilosaurus*-Kuh ein Junges quasi ins offene Maul. Eine Blutspur hinter sich herziehend, kehrt sie in die tieferen Gewässer zurück. Die *Dorudon*-Wale sind damit allerdings keineswegs in Sicherheit: Im Laufe des Nachmittags wird sie zwei weitere Junge verschlingen und viele andere werden ertrinken, weil sie völlig erschöpft sind.

In Mutters Schatten
Neugeborene Wale ermüden sehr schnell, was sie verwundbar gegen Angriffe macht. Dieser junge *Dorudon*-Wal benötigt daher den Schutz seiner Mutter.

10 Grad westlicher Länge Am westlichen Rand des Tethys-Meeres bereitet sich das *Basilosaurus*-Weibchen auf die Geburt vor. Eine ganze Weile treibt die Kuh nah an der Wasseroberfläche, ihr Körper krümmt sich unter den Wehen. Und dann gleitet plötzlich ein Junges ins Wasser. Mit dem Kopf stupst die Walkuh ihr Kalb an die Oberfläche, damit es seinen ersten Atemzug tun kann. Aus dem gnadenlosen Killer ist eine fürsorgliche Mutter geworden.

Das Tethys-Meer war die Wiege der sich rasant entwickelnden Wale, doch dieses bis dahin warme Habitat beginnt sich zu verändern. Durch die Bewegung der Kontinente wird das Meer kleiner und kalte Strömungen aus dem Süden haben ein Absinken der Wassertemperatur zur Folge. Die Ära der urtümlichen Wale wie *Basilosaurus* geht zu Ende. Weit unten im Süden aber entwickeln sich andere Arten, die selbst in den tiefsten und kältesten Gewässern überleben können. Diese Meere sind reich an Plankton und die neuen Walarten haben Fähigkeiten entwickelt, diese Nahrung effizient aufzunehmen. Eines Tages werden ihre Nachkommen – Bartenwale wie der Blauwal – die größten Lebewesen sein, die je unseren Planeten bevölkerten.

> Das Tethys-Meer war die Wiege der sich rasant entwickelnden Wale, doch dieses bis dahin warme Habitat beginnt sich allmählich zu verändern

3 Im Land der Giganten

Unsere Welt vor 24 Millionen Jahren

Nach einer Zeit des Umbruchs, die den Übergang vom Eozän zum Oligozän kennzeichnet, scheint sich das Klima beruhigt zu haben – die globalen Temperaturen sind stabil, die Meeresspiegel insgesamt niedriger und sowohl die Polarwälder im Süden wie auch die tropischen Dschungel sind verschwunden. An ihrer Stelle trennen nun breite Waldgürtel aus Laub werfenden Bäumen die Tropen von den Polen. Doch auch in dieser scheinbar beständigen Ära vollzieht sich in der Pflanzenwelt kaum merklich eine Revolution. Die Herrschaft der tiefgrünen Wälder des Eozäns ist gebrochen. Kräuter, Sträucher und einjährige Pflanzen haben sich weiter verbreitet und eine neue Pflanzengruppe tritt auf den Plan, die dereinst weite Gebiete der Erde dominieren wird – die Gräser. Die endlosen Savannengebiete Ostasiens haben einige wahrhaft monströse Tiere hervorgebracht – die gigantischen Indricotherien sind die größten Landsäuger, die jemals existiert haben.

Größe ist alles
(VORHERIGE DOPPELSEITE)
Indricotherien sind sanfte Pflanzenfresser. Ohne den Schutz des Muttertiers wären die Jungen völlig hilflos. Mit einem Gewicht von 15 Tonnen ist ein ausgewachsenes Männchen dagegen allein durch seine Größe so gut wie unbesiegbar.

Der Neuankömmling Ein großer gelber Mond geht über der offenen Flussebene von Hsanda Gol auf. Knorrige alte Eichen werfen ihre Schatten auf das niedrige Buschwerk und über dem Gesumme der Insekten ertönen die Rufe einer Familie von Bärenhunden. Hier und dort haben jahreszeitlich fließende Flüsse die weiche Erde der Ebene durchschnitten und lange, niedrige Steilufer geschaffen. An einem dieser Ufer liegen die Kadaverreste eines *Hyracodon*. Vermutlich wurde das kleine, mit den Nashörnern verwandte Tier erst am späten Abend getötet.

Zwischen den Salzbüschen erscheint die massige Gestalt eines großen *Hyaenodon*-Männchens. Diese prächtigen Raubtiere haben sich hier in der Ebene gut entwickelt, in anderen Regionen der Erde ist ihre Gruppe im Schwinden begriffen. Sie gehören zur Ordnung der Creodonten, die einst die dominanten Raubtiere unter den Säugern waren. Nun aber zählt *Hyaenodon* zu den wenigen noch erhaltenen Gattungen. Neue und schnellere

Raubtiere aus der Ordnung der Carnivoren haben die Herrschaft übernommen.

Von Zeit zu Zeit bleibt das *Hyaenodon* stehen und zieht prüfend die Luft ein, um den Geruch zu verfolgen, den es einen Kilometer zuvor erstmals wahrgenommen hat. Als es sich dem Steilufer nähert, wird es vorsichtiger. Ganz offensichtlich ist das Tier sehr alt – sein Fell ist fleckig und neben zahlreichen alten Narben hat es eine frische Wunde oberhalb der Schnauze. Es ist zwar groß, aber dennoch leben hier einige Kreaturen, die es von dem Kadaver vertreiben könnten. Als ein paar Bärenhunde in seine Nähe schleichen, knurrt es sie an, dann lässt es sich zum Fressen nieder.

Als das *Hyaenodon* an einem Knochen zu nagen beginnt, wird ein anderes Indiz für sein Alter offenkundig: Es hat Schwierigkeiten beim Kauen. Bei jedem Öffnen und Schließen des kräftigen Mauls mahlen die Backenzähne aufeinander. Dieses konstante Knirschen schleift die Zähne ab und mit

Hyaenodon
Diese äußerst erfolgreichen Raubtiere gehören der Gruppe der Creodonten an. Die Knochen von vier, möglicherweise auch mehr Exemplaren wurden in den Ablagerungen von Hsanda Gol gefunden. Die in der Mongolei nachweisbaren kleineren Arten waren nachtaktive Räuber und lebten in Rudeln, während die größeren Arten wahrscheinlich Einzelgänger waren. Die Abnutzungserscheinungen an den Zähnen männlicher Exemplare deuten darauf hin, dass das *Hyaenodon* seine Gegner durch Zähneknirschen einzuschüchtern versuchte.
NACHWEIS: Fossilfunde in der Hsanda Gol-Formation und in Nordamerika.
GRÖSSE: Je nach Art 30 Zentimeter bis 1,7 Meter Schulterhöhe.
NAHRUNG: Fleischfresser, die als außerordentlich schnelle Läufer ihrer Beute nachstellten. Nur die Aas fressenden Entelodonten konnten ihnen ihre Nahrung streitig machen.
ZEIT: Vor 41–24 Millionen Jahren.

Gegenüberstellung
Das *Hyaenodon* ist zwar der unangefochtene Beherrscher der Steppen, doch für ein Muttertier mit Jungen stellt ein ausgewachsenes *Indricotherium* durchaus eine Gefahr dar.

Neue Horizonte
Im Oligozän wichen die dichten Tropenwälder allmählich offenen Landschaften.

Savanne statt Wald

Die Epoche des Oligozäns umfasst eine Zeitspanne vor 35 bis 23 Millionen Jahren. Diese Periode markiert den Übergang von der archaischen Welt des tropischen Eozäns zum moderneren Ökosystem des Miozäns. Zu Beginn des Oligozäns war das Klima wesentlich kälter und trockener und viele Tiere hatten Schwierigkeiten, sich diesen Bedingungen anzupassen. Zu den ersten Tierarten, die ausstarben, gehörten die basilosauriden Wale und die räuberischen Mesonychiden.

Mit Fortschreiten der Epoche tauchten die ersten moderneren Pflanzenfresser auf. Die Steppen in Asien, Nordamerika und Europa wurden von Tieren neuer Gruppen bevölkert, darunter Pferde, Hirsche, Kamele, Tapire, Brontotherien und Indricotherien. Diese Säugetiere waren wesentlich größer als ihre archaischen Vorfahren. Sie verfügten über einen schlanken Körperbau und lange Beine, die Zahl der Zehen war reduziert und ermöglichte so die schnelle und ausdauernde Fortbewegung. Größe und Mobilität waren hilfreich, um mit den durch extreme Temperaturen gekennzeichneten Jahreszeiten zurechtzukommen. Dem größeren Nahrungsangebot durch sich neu ausbildende Pflanzen entsprechend, veränderte sich auch das Gebiss der Herbivoren. Das kühlere und trockenere Klima des Oligozäns begünstigte die Verbreitung von Laub werfenden Wäldern und offenen Steppen, die gigantischen Tieren wie dem *Indricotherium* genügend Raum boten. Noch jedoch wuchsen die Gräser eher spärlich, sodass die weiten Ebenen kaum mit heutigen Savannen vergleichbar waren. Und so ernährten sich auch die meisten Pflanzenfresser kaum von Gras, sondern eher von Blättern, Wurzeln und Früchten.

Die Pflanzenfresser des Oligozäns stellten auch die Raubtiere vor neue Heraus-

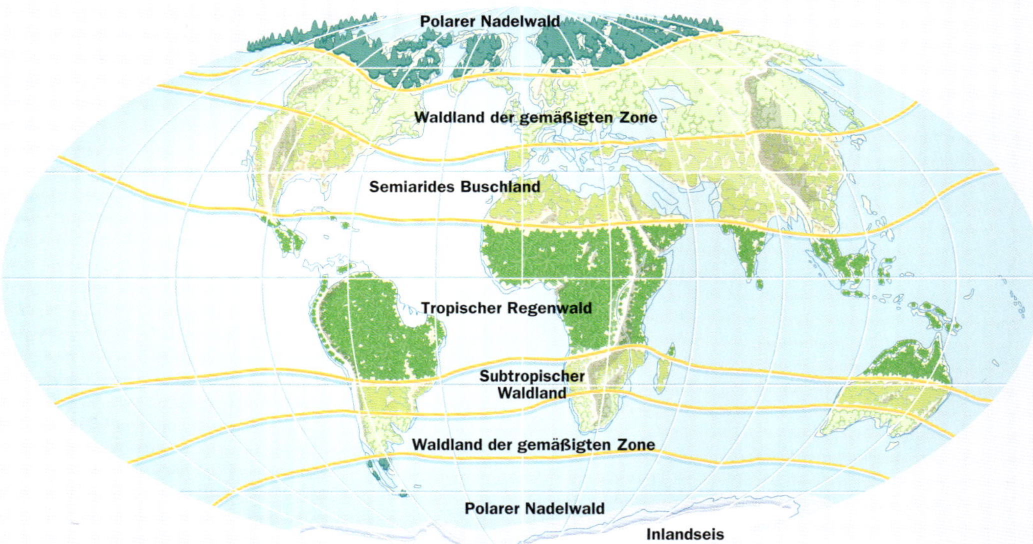

Rückzug des Waldes
Die Antarktis verwandelte sich zu dieser Zeit in die unwirtliche Eiswüste, wie wir sie auch heute noch kennen. Das Tethys-Meer verschwand allmählich und es begannen sich die bis heute vorherrschenden tropischen, subtropischen, gemäßigten und polaren Klimazonen mit ihrer jeweils typischen Vegetation herauszubilden. Noch bestimmten Wälder das Angesicht der Erde, doch zugleich förderten die sich immer weiter ausdehnenden Buschlandgebiete und Halbwüsten die Evolution riesiger Säugetiere.

Lauf, Hase, lauf
Hinsichtlich der Ohren und Hinterläufe unterschieden sich die Hasen des Oligozäns von ihren modernen Nachfahren.

forderungen, die, wie z. B. die schwerfälligen Creodonten, für die Jagd nach langsameren Beutetieren ausgelegt waren. Mit der Herausbildung der Pferde, Kamele, Nashörner und anderer Pflanzenfresser mussten sich auch die Fleischfresser spezialisieren.

Zu diesem Zeitpunkt begann sich daher die Ordnung Carnivora herauszubilden, der fast alle der heutigen großen Raubtiere angehören. Zu den ersten Raubkatzen zählt *Nimravus*, ein kleines katzenartiges Säugetier, das die Steppen von Asien und Nordamerika durchstreifte. Eine weitere Gruppe bilden die Bärenhunde, die sich vor allem von kleineren Säugetieren ernährten.

Obgleich die Klimaveränderung in der Antarktis eine entscheidende Rolle spielte, können nicht alle Ereignisse im Oligozän auf das generelle Absinken der Temperaturen zurückgeführt werden. Auch geografische Veränderungen waren entscheidend. So veränderte die Heraushebung der Rocky Mountains in Nordamerika das Klima des gesamten Kontinents, während das periodische Ansteigen und Absinken der Meeresspiegel die Migration etlicher größerer Tierarten zwischen der nordamerikanischen und eurasischen Landmasse ermöglichte.

In mehr als einer Hinsicht wurde in dieser Epoche der Grundstein für die Welt gelegt, wie wir sie heute kennen

Derartige Bedingungen herrschten jedoch nicht in allen Erdteilen. Südamerika blieb während des gesamten Oligozäns von den anderen Kontinenten isoliert und brachte so eine einzigartige Fauna hervor. Und auch Afrika behielt bis zum fast völligen Verschwinden des Tethys-Meeres seinen Inselstatus inne. Wenig ist bekannt über Australien zur Zeit des Oligozäns, doch die zeitlich etwas später entstehenden Riversleigh-Gesteine in Queensland lassen den Schluss zu, dass sich hier die Beuteltiere rasch entwickelten.

Auf leisen Pfoten
Die Carnivora, zu denen fast alle großen Raubtiere – von Bären über Hunde, Raubkatzen und Hyänen – zählen, beginnen sich im Oligozän zu entwickeln.

Die Antarktis, der Kontinent, der für viele der klimatischen Veränderungen im Känozoikum verantwortlich war, beherbergte zu dieser Zeit aufgrund der bereits stattfindenden Vereisung offenbar kaum noch Lebewesen. Alles in allem kann das Oligozän durchaus als bewegtes Zeitalter bezeichnet werden. In mehr als einer Hinsicht wurde in dieser Epoche der Grundstein für die Welt gelegt, wie wir sie heute kennen.

Indricotherium
Diese wohl bekanntesten Tiere aus den Ablagerungen von Hsanda Gol gehören der Verwandtschaft der Nashörner an und erreichten im Laufe ihrer Entwicklung beeindruckende Ausmaße. Die Männchen waren größer als die Weibchen, ihre Schädel waren dicker und eher kuppelförmig, was bedeuten könnte, dass sie im Kampf um die Gunst eines Weibchens ihren Kopf als Waffe gegen Rivalen einsetzten.
NACHWEIS: Fossilien verschiedener Arten wurden auf dem gesamten eurasischen Kontinent gefunden. Die größte Gattung, heute *Paraceratherium* genannt (früher *Indricotherium*, wie in diesem Buch) stammen aus Hsanda Gol.
GRÖSSE: Die größten Männchen erreichten 4,5 Meter Schulterhöhe und wogen 15–20 Tonnen, Weibchen etwa 11 Tonnen.
NAHRUNG: Blätter von Laub werfenden Bäumen.
ZEIT: Vor 30–25 Millionen Jahren.

einem gewissen Alter kann das *Hyaenodon* nicht mehr richtig kauen. Stirbt ein altes Tier nicht eines gewaltsamen Todes, verendet es für gewöhnlich, weil seine Zähne ihre Aufgabe nicht mehr erfüllen.

Sei es, weil er zu sehr mit dem Knochen beschäftigt ist oder weil seine Sinne nicht mehr über die notwendige Schärfe verfügen, dem Räuber entgeht, dass ein weibliches *Indricotherium* näher kommt. Mit einer Schulterhöhe von 4,5 Meter und über 11 Tonnen Gewicht verursacht es erstaunlich wenig Lärm, als es zum Steilufer wandert. Indricotherien sind entfernt mit den Nashörnern verwandt, verfügen aber über die typisch langen Beine und den langen Hals eines auf das Abäsen von Bäumen spezialisierten Tieres. Ihre runde Körperform verrät, dass die Kuh trächtig ist. Sie ist auf der Suche nach einem geschützten Platz, um ihr Junges zur Welt zu bringen.

Als sie noch etwa 100 Meter vom *Hyaenodon* entfernt ist, wittert sie das Raubtier und beginnt warnend zu bellen. Völlig überrascht schnellt das alte Männchen zu dem Neuankömmling herum und stellt mit weit aufgerissener Schnauze seine Zähne zur Schau. Trotzdem kommt die Kuh näher. Diese Auseinandersetzung könnte das *Hyaenodon* niemals für sich entscheiden – das *Indricotherium* ist in der Lage, seinen Schädel mit einem einzigen Tritt zu zerschmettern. Nur widerwillig entfernt es sich von dem Kadaver und verschwindet in der Dunkelheit. Die Kuh hält inne und schnuppert, wobei sie ein paar knurrende Laute ausstößt. Im Buschwerk der näheren Umgebung kläffen ein paar aufgeschreckte Bärenhunde. Die langen Ohren der Kuh zucken, als sie verdächtige Geräusche, die von größeren Raubtieren herrühren könnten, aufzuspüren versucht. Einen Moment noch verharrt sie, dann setzt sie ihren Weg zu den größeren Bäumen am äußersten Ende des Tals fort.

Als sie eine von Ulmen umstandene Lichtung erreicht, steht der Mond schon sehr hoch. Nachdem sie den Platz untersucht hat, geht sie schnaubend hin und her, während Wellen von Kontraktionen ihren Körper ergreifen. Etwa zwei Stunden dauern die Wehen, dann bleibt sie schließlich ste-

Mysteriöse Lebewesen

Die Kryptozoologie, die Suche nach »verborgenen Tieren«, beschäftigt sich mit Lebewesen, deren Existenz durch die Wissenschaft nicht bestätigt ist. Die wohl berühmtesten Beispiele für solche immer wieder durch die Medien geisternden Wesen sind das Ungeheuer von Loch Ness, Bigfoot und der Yeti. Einige der riesigen Säugetiere, die in diesem Buch vorgestellt werden, sind erst vor relativ kurzer Zeit ausgestorben – das heißt nicht vor Jahrmillionen, sondern Jahrtausenden. Dies hat Vermutungen genährt, dass einige von ihnen möglicherweise in abgelegenen Regionen der Erde überlebt haben könnten und dort ihrer Entdeckung harren – wie der Quastenflosser, von dem man glaubte, es sei vor Millionen von Jahren ausgestorben, bis 1938 vor der Küste Südafrikas ein lebendes Exemplar gefangen wurde.

Lebende Verwandte
Eines der Lieblingsthemen der Kryptozoologie ist die These von der Existenz eines Affenmenschen wie Bigfoot oder dem Yeti (oben). Und auch an Beweisstücken fehlt es nicht, wie dieser angebliche Yeti-Skalp (rechts) zeigt.

Aus dem kenianischen Nandi kommen seit Jahren Berichte über ein geheimnisvolles bärenartiges Lebewesen. Einige Kryptozoologen gehen davon aus, dass der »Nandi-Bär« einer lange untergegangen geglaubten Population von Chalicotherien angehören könnte – Fossilfunde weisen darauf hin, dass Tiere dieser Gruppe bis vor wenigen Hunderttausend Jahren in der Region lebten. Als weitere Beispiele für »verborgene Lebewesen« werden das Mammut angeführt, das Berichten zufolge noch immer in Sibirien anzutreffen sein soll, sowie der Neandertaler, der als Yeti im Himalaja überlebt haben könnte.

Eine besonders eigenartige Geschichte rankt sich um das Riesenfaultier *Megatherium*, das bis vor wenigen Tausend Jahren die Steppen Südamerikas bevölkerte.

In den 1890er Jahren berichtete ein Forscher, er sei in Patagonien einer riesigen, langhaarigen Kreatur begegnet. Kurz darauf, hieß es, ein argentinischer Viehzüchter habe in einer Höhle ein frisch aussehendes Stück Haut eines *Megatherium* gefunden. Der Paläontologe Florentino Ameghino sammelte daraufhin weitere Informationen über diese Kreatur. Die in der Region lebenden Indianer erzählten ihm von einem nachtaktiven Tier, das durch Pfeile nicht getötet werden könne. Ameghino machte sich auf die Suche nach einem lebenden *Megatherium* und fand in der Tat weitere Stücke Haut sowie Kot. Ein lebendes Exemplar allerdings bekam er nicht zu Gesicht. Eine später durchgeführte Altersbestimmung der Hautstücke mittels der Radiokarbonmethode ergab, dass sie zwischen 5000 und 10.000 Jahre alt waren.

Monster wie aus einem Alptraum
Berichte über geheimnisvolle unbekannte Wesen, darunter auch Riesenkatzen und schwarze Hunde, führten seit jeher zu Spekulationen über das Fortleben längst ausgestorbener Säugetiere.

hen und spreizt die Hinterbeine. Die Geburt selbst dauert nicht lange. Die Fruchtwasserblase platzt und das eine halbe Tonne schwere *Indricotherium*-Junge – ein Männchen – fällt aus zwei Metern Höhe unsanft zu Boden. Kurz darauf beobachtet das Muttertier seine Bemühungen, auf die Beine zu kommen. Ein durchaus schwieriges Unterfangen, hat sich doch der Boden dort, wo es zur Welt gekommen ist, durch Fruchtwasser und Nachgeburt in eine Rutschbahn verwandelt. Immer wieder fällt es hin, doch Hilfe von seiner Mutter kann es nicht erwarten – sie weiß, dass ihr Junges nur überleben wird, wenn es von Anfang an buchstäblich auf eigenen Beinen stehen kann.

Plötzlich wittert die Kuh Gefahr. Schatten bewegen sich zwischen den Ulmen, dann tritt ein *Hyaenodon* auf die Lichtung. Mit seinen 3 Metern Körperlänge hat es keinerlei Schwierigkeiten, ein neugeborenes *Indricotherium*-Junges zu reißen. Und es ist nicht allein, ein *Hyaenodon*-Weibchen folgt ihm. Die Kuh stellt sich schützend über ihr Junges und beginnt zu bellen. Die Räuber haben sich an verschiedenen Enden der Lichtung aufgebaut und fletschen drohend die Zähne. Ihr Ziel ist es, das *Indricotherium* von seinem Jungen zu trennen. Und richtig, als einer der Hyaenodonten etwas näher tritt, greift das Muttertier an. Doch ihre Sehkraft ist schwach und in dem fahlen Mondlicht sind ihr die Raubtiere deutlich überlegen.

Wählerisch: Backenzähne und Schnauze des *Indricotherium* deuten darauf hin, dass sich dieses Tier nicht von Gräsern, sondern von weichen Blättern ernährte.

Ausblick
Das junge *Indricotherium* blickt unsicher in eine ihm noch fremde Welt. Auch wenn es verletzlich erscheint, so lange es sich in der Nähe seiner Mutter aufhält, wird sie allein durch ihre Größe jedes Raubtier in die Flucht schlagen.

Amphicyoniden (Bärenhunde)
Diese Gruppe der Carnivora umfasste kleine, hundeähnliche Arten, aber auch wesentlich größere Tiere, die eher dem heutigen Grizzlybären glichen. Tatsächlich waren sie weder Hunde noch Bären, sondern bildeten eine eigene, allerdings mit beiden verwandte Gruppe. Fossilierte Pfotenabdrücke zeigen, dass Amphicyoniden beim Laufen wie die Bären den ganzen Fußballen aufsetzten. Und wie diese lebten sie wahrscheinlich auch in Höhlen.
NACHWEIS: Angebliche Fossilfunde von Bärenhunden aus Hsanda Gol werden inzwischen angezweifelt. Dennoch kann davon ausgegangen werden, dass diese Tiere im Oligozän auf dem gesamten eurasischen Kontinent und auch in der heutigen Mongolei lebten. Sie breiteten sich bis nach Nordamerika aus, wo man Knochen und Bauten gefunden hat.
GRÖSSE: Die den Hunden ähnelnden Arten erreichten eine Schulterhöhe von etwa 30 Zentimeter.
NAHRUNG: Kleinere Nagetiere, Kaninchen.
ZEIT: Vor 40–9 Millionen Jahren.

Immer noch versucht das neugeborene *Indricotherium*-Junge aufzustehen. Das zweite Raubtier, ein Weibchen, nähert sich, springt aber in die Deckung der Bäume zurück, als das Muttertier ihm nachsetzt. Wieder ist das Jungtier allein und dieses Mal gelingt es dem ersten Räuber, sich auf es zu stürzen. Doch die verängstigten Schreie des Kleinen rufen seine Mutter wieder auf den Plan. Das *Hyaenodon* lässt das Junge los und flüchtet in den Wald. Schützend stellt sich das Muttertier über das aus einer Wunde am

Kleine Plagegeister
Obwohl die Bärenhunde im Vergleich zu vielen anderen in den Steppen lebenden Tieren winzig erscheinen, sind sie bei der Jagd auf kleinere Säugetiere äußerst hartnäckig.

Ohr stark blutende Neugeborene, dem es nun, da es auf trockenem Boden liegt, endlich gelingt aufzustehen.

Die Auseinandersetzung mit den Raubtieren hat Mutter und Jungtier erschöpft. Aber bis zum Morgengrauen müssen sie noch zwei Stunden ausharren und die Hyaenodonten geben so schnell nicht auf. Wieder und wieder werden sie sich anschleichen, nur um ein ums andere Mal von dem Weibchen in die Flucht geschlagen zu werden. Für das junge *Indricotherium* ist die erste Nacht seines Lebens lang und gefährlich.

Die Welt draußen Die Sonne geht über der Ebene von Hsanda Gol auf und offenbart eine Landschaft mit sanften Hügeln, grünen Wäldern und strauchbestandenen Flussläufen. Die meisten dieser Flüsse ergießen sich aus den Elegan-Bergen nach Süden und fließen weiter nach Osten, bis sie den Fuß des mächtigen Uskak-Plateaus erreichen. Zwischen diesen beiden natürlichen Grenzen erstrecken sich Tausende von Quadratkilometern offener Flur. In den Flusstälern wachsen dichte Wälder aus Walnussbäumen, Ulmen, Buchen und Kiefern. Auf den Hügeln stehen vereinzelte Eichen und Kiefern, dazwischen Büsche und Sträucher wie Salzbusch und Meerträubel. Zu dieser Jahreszeit, nach den großen Regenfällen, ist die Ebene saftig grün. Es wachsen einjährige Stauden und Blumen, die Bäume tragen frisches Laub. Doch der Eindruck üppiger Fruchtbarkeit täuscht: In der Trockenzeit wirkt die Ebene fast wie eine Wüste.

Jetzt jedoch sind die Morgen noch feucht und kühl. Am Fuß eines Felsens steckt eine Bärenhündin den Kopf aus ihrem Bau. Als sie sicher ist, dass keine Gefahr lauert, kommt sie ganz heraus und beginnt ihr Fell zu putzen. Wie der Name schon sagt, ist sie ein früher Vorfahr von zwei ganz verschiedenen Gruppen von Tieren, Bären und Hunden, die erst in Millionen von Jahren auftreten werden.

Aus dem Innern des Baus hört man die ungeduldigen Laute ihrer Jungen.

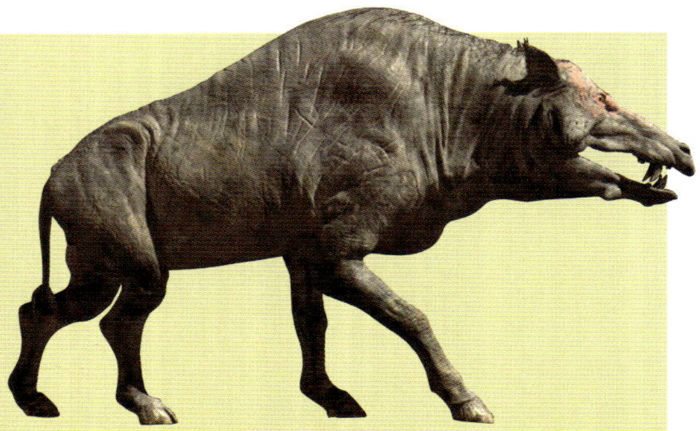

Entelodonten
Diese Verwandten der modernen Schweine waren in der heutigen Mongolei häufig. Etliche der erhaltenen Schädel weisen schwere Verletzungen auf, die sich die Entelodonten wahrscheinlich bei Kämpfen gegenseitig zufügten. Die seitlichen Auswüchse am Kopf schützten möglicherweise empfindlichere Partien.
NACHWEIS: Teile von Skeletten sind in Hsanda Gol recht häufig vorhanden, wesentlich besser erhaltene Fossilien wurden in Nordamerika gefunden.
GRÖSSE: Die größte der bekannten Arten erreichte eine Schulterhöhe von etwa 2 Meter und wog fast 1 Tonne.
NAHRUNG: Mit ihren riesigen Kiefern konnten Entelodonten Knochen zermalmen; die erhaltenen Zähne zeigen jedoch Abnutzungsspuren, die auch auf einen Verzehr von Wurzeln und Ranken schließen lassen.
ZEIT: Vor 45–25 Millionen Jahren.

Die Bärenhündin kehrt in das Erdloch zurück, um gleich darauf mit zwei Welpen zurückzukommen. Gemeinsam brechen sie zu einem großen Wasserloch östlich des Baus auf. Dort treffen sie auf eine *Hyracodon*-Herde. Diese Pflanzenfresser sind entfernte Verwandte des mächtigen *Indricotherium*, auch wenn sie nur etwa die Größe von Schafen haben.

Die Hyracodonten sind nervös: Auf dem gegenüberliegenden Ufer haben sie einen großen Entelodonten entdeckt. Diese Furcht einflößenden, aggressiven Tiere sind mit den Schweinen verwandt und sehen in etwa so aus wie eine gigantische Kreuzung aus Keiler und Warzenschwein. Fast alle Tiere der Ebene begegnen ihnen mit äußerster Vorsicht. Und so führt auch die Bärenhündin ihre Welpen an eine andere Stelle des Wasserlochs.

Um zu saufen, knickt der Entelodonte die Vorderbeine ein. Trotz ihres Gewichts von fast 1 Tonne sind die kräftigen Entelodonten äußerst schnelle Tiere, die so gut wie alles fressen, auch wenn man sie nur selten jagen sieht, da sie in erster Linie Aasfresser sind.

Ein tiefes Grunzen kündigt die Ankunft eines der wenigen Tiere an, die nichts von dem Entelodonten zu befürchten haben – das *Indricotherium*. Es ist die Kuh, die in der vergangenen Nacht gekalbt hat. Jetzt, bei Tageslicht, sieht man, dass ihre dicke Haut eine schmutzig gelbe Farbe hat. Auf ihrem Rücken hocken einige Exemplare von *Eogrus*, kranichartige Vögel, für die ein *Indricotherium* ein idealer Nahrungslieferant ist: Nicht nur auf der Haut des Giganten, sondern auch in der Vegetation, die sie auf der Suche nach Nahrung durchstreifen, finden sie reichlich Insekten. Von dem Jungen der Kuh fehlt jede Spur.

Der Entelodonte ignoriert den Neuankömmling und beginnt sich zu suhlen. Doch lange kann er sein Schlammbad nicht genießen, da sich nun ein zweiter Entelodonte nähert und einen Baum unweit des Wasserlochs mit seinem Urin markiert. Mit erstaunlicher Behändigkeit wühlt sich sein Rivale aus dem Schlamm, um dieser Herausforderung zu begegnen.

Gefahr im Verzug
Entelodonten sind offenbar ebenso kräftig wie aggressiv. Wenn sie sich nicht gerade mit anderen Tieren um einen Kadaver streiten, liefern sie sich mit ihren Artgenossen blutige Kämpfe.

Furcht erregende Rivalen
Bei ihren häufigen Kämpfen fügen sich die männlichen Entelodonten mit ihren scharfen Hauern nicht selten ernsthafte Verletzungen zu.

Todbringende Kiefer: Die verschieden geformten Zähne des Entelodonten erfüllten wahlweise die Aufgabe, Gegner oder Beute zu durchbohren, zu zerreißen oder zu zermalmen. Die an den Seiten des Kopfes liegenden Auswüchse verstärkten die Kiefermuskulatur, schützten möglicherweise aber auch empfindlichere Zonen vor Angriffen.

Große Klappe

Entelodonten waren riesige und recht unangenehme Wesen. Als die ersten Fossilien dieser Tierart in Nordamerika entdeckt wurden, wusste sie niemand so recht einzuordnen. Die Knochen ließen auf ein etwa 1 Tonne schweres Schwein schließen, das mit seinen massigen, bis zu 1 Meter langen Kiefern wesentlich größer als jedes heutige Schwein gewesen sein muss.

Die Funktion der gigantischen Kiefer erschließt sich über eine Analyse der Zähne, deren Abnutzungsspuren darauf hinweisen, dass Entelodonten selbst dickste Knochen zermalmen konnten. In Amerika entdeckten Paläontologen Abdrücke dieser Zähne auf fossilen Knochen von Nashörnern und Bronthoterien und folgerten daraus, dass Entelodonten offenbar die Knochen von Aas aufbrachen, um an das Mark zu gelangen.

Darüber hinaus zeigen die Zähne, dass Entelodonten scheinbar Allesfresser waren. Neueren Forschungsergebnissen zufolge fraßen die Riesenschweine auch Ranken, Zweige, Knollen, Schalenfrüchte und Nüsse. In ihrer Fressgier machten sie selbst vor Artgenossen nicht Halt. Funde von Schädelknochen weisen gebrochene Wangenknochen, zerschmetterte Augenhöhlen und gelegentlich auch 2 Zentimeter tiefe Bisswunden an der Schnauze auf. Die erkennbaren Zahnspuren entsprechen denen von Entelodonten – offensichtlich fielen die Tiere erbarmungslos übereinander her.

> Funde von Schädelknochen des Entelodonten weisen gebrochene Wangenknochen und zerschmetterte Augenhöhlen auf

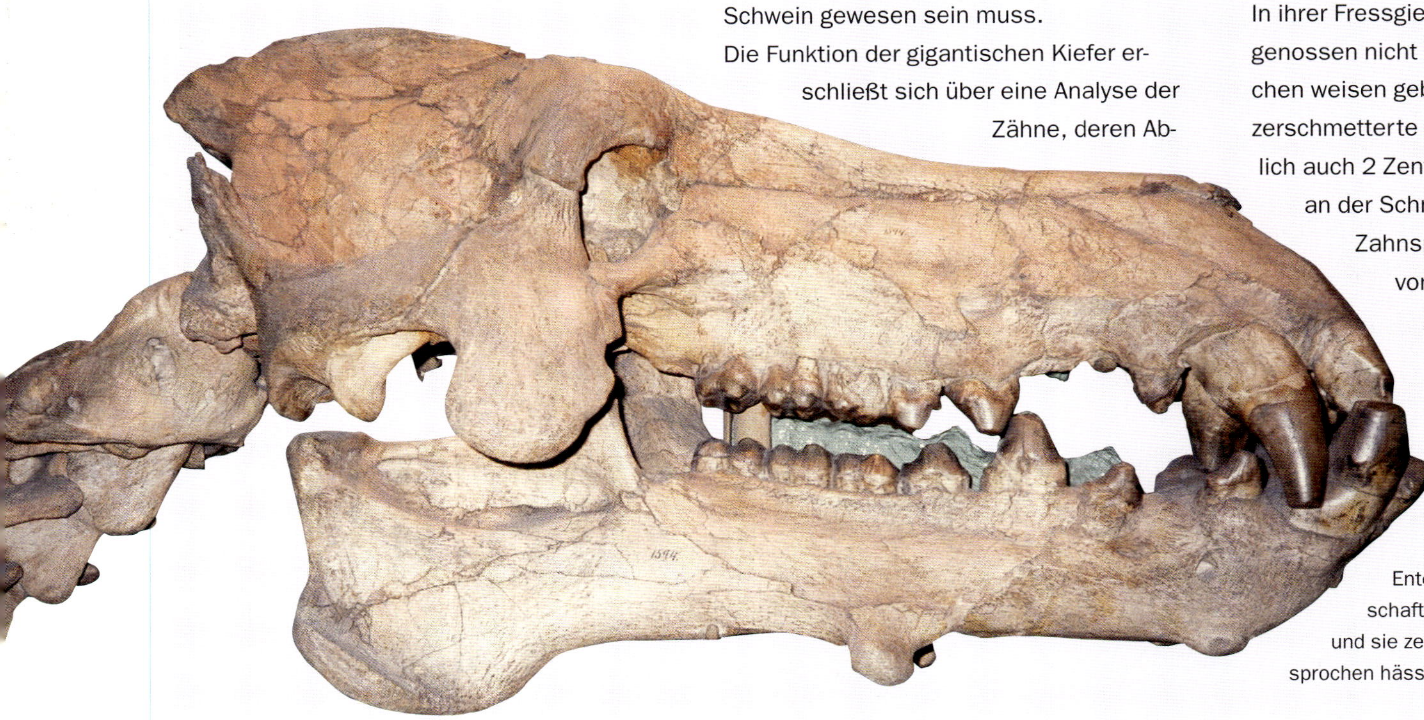

Versteinertes Ungeheuer
Die fossilierten Schädel von Entelodonten liefern der Wissenschaft unschätzbare Informationen – und sie zeigen, dass diese Tiere ausgesprochen hässlich gewesen sein müssen.

Das Wasserloch verwandelt sich in einen Hexenkessel, als sich die mächtigen Tiere zu umkreisen beginnen und nacheinander schnappen. Selbst das *Indricotherium* weicht zurück, während die auf seinem Rücken sitzenden Vögel davonflattern. Dann plötzlich sind die Mäuler der Kontrahenten ineinander verhakt, beide Tiere stehen wie versteinert da. Es ist ein kurzer, aber qualvoller Machtkampf, den der Eindringling schließlich als Erster verloren gibt – er bricht zur Seite aus und flieht. Sein Bezwinger setzt ihm mit steil aufgerichtetem, Sieg verkündendem Schwanz nach.

Allmählich kehrt am Wasserloch wieder Ruhe ein. Die *Indricotherium*-Kuh trinkt noch ein wenig, bevor sie sich wieder in Richtung Steilufer auf den Weg macht. Kurz vor dem Bodenanstieg bleibt sie stehen und schnaubt. Zwischen einigen jungen Walnussbäumen liegt ihr Junges. Unsicher kommt es auf die Beine und antwortet wiehernd. Eines seiner Ohren ist blutverkrustet, sonst aber scheint das Kalb unverletzt. Das Muttertier hat offenbar gute Arbeit geleistet und die Hyaenodonten erfolgreich abgewehrt.

Unbeholfen stolpert das Junge zwischen den Schösslingen hervor. Offenkundig hat es Hunger. Es wirkt gefährlich, als sich die massige Kuh über ihren Sprössling stellt, doch sie steht ganz still und lässt ihn in Ruhe nach den Zitzen suchen. Die Kuh verfügt über zwei Warzen, die zwischen den Hinterbeinen sitzen, etwa 2,5 Meter über dem Boden. Nach einer Weile hat das Junge sie gefunden und kann zu trinken beginnen.

Eine Zeit lang lässt die Kuh ihr Junges saugen, bis sie plötzlich zur Seite tritt und davontrottet. Derart aus dem Gleichgewicht gebracht, fällt das junge *Indricotherium* hin, rappelt sich aber sofort wieder auf und läuft ungelenk hinter seiner Mutter her. Als das Muttertier nach einer Weile stehen bleibt, sinkt das Junge erschöpft auf die Erde. Doch die Kuh hat ihre Wanderung nicht unterbrochen, um ihr Junges ausruhen zu lassen. Ihr aggressives Schnauben und Kopfschütteln signalisiert die Gegenwart eines weiteren *Indricotherium*, das sie aus einiger Entfernung beobachtet. Es ist ein Bulle,

Angeschlagen, aber nicht k. o.
Man weiß, dass Entelodonten sich bei Kämpfen gegenseitig schwerste Verletzungen zufügten, doch nur selten waren diese Wunden tödlich.

der, wenn er ausgewachsen ist, ihrem Nachwuchs ebenso gefährlich werden kann wie ein *Hyaenodon*. Doch hier handelt es sich offenbar um ein junges Tier, kaum drei Jahre alt, das nicht angriffslustig reagiert, sondern stattdessen wie zur Begrüßung wiehert. Möglicherweise ist auch dieses Männchen ein Junges der Kuh, die ihm in diesem Falle noch bis vor nicht allzu langer Zeit Schutz gewährt hat. Doch jetzt, da sie ein neues Kalb hat, gelten diese Regeln nicht mehr und die Kuh geht zum Angriff über, woraufhin sich das junge Männchen zurückzieht. Das Muttertier sieht sich versichernd nach seinem Jungen um und macht sich dann wieder auf die Nahrungssuche. Folgsam trottet das Kleine hinter ihr her.

Milchbar
Mindestens zwölf Monate lang wird ein junges *Indricotherium* von der Mutter gesäugt. Die Milchmenge, die es in dieser Zeit zu sich nimmt und die von der Kuh produziert werden muss, ist enorm.

Erste Schritte Gegen Mittag hat die Sonne die Luft bis auf etwa 30 Grad aufgeheizt. Das *Indricotherium*-Kalb ist erst neun Stunden alt, hat aber – hinter seiner Mutter hertrottend – bereits einen Weg von fünf Kilometern zurückgelegt. Jetzt bleibt die Kuh bei einer gedrungenen Eiche stehen und inspiziert die jungen Blätter in deren Krone. Wenn sie sich streckt, kann sie Zweige erreichen, die in einer Höhe von 6 Metern wachsen. Doch diese Mühe muss sie sich hier nicht machen, die Blätter, auf die sie es abgesehen hat, sind leicht zu erreichen. Und so beginnt sie mit ihrer langen Zunge und der beweglichen Oberlippe das Grün von den Zweigen zu streifen. Währenddessen saugt das Kalb erneut an ihren Zitzen.

Das *Indricotherium*-Kalb ist erst neun Stunden alt, hat aber – hinter seiner Mutter hertrottend – bereits einen Weg von fünf Kilometern zurückgelegt

Hinter dem *Indricotherium* haben sich einige große weiße *Eogrus*-Vögel niedergelassen. Offenbar mutig geworden durch die Tatsache, dass es größer ist als diese Tiere, tritt das Kalb aus dem Schatten der Mutter hervor und läuft aufgeregt zwischen ihnen hin und her. Eher widerwillig lassen sich die

Chalicotherium
Am Ende des Oligozäns hatten sich zwei Untergruppen der Chalicotherien herausgebildet: Während die eine in offenen Landschaften lebte, wo sie wie Ziegen ästen, hatte sich die andere Untergruppe an das Leben in Wäldern angepasst. Das beträchtliche Gewicht der Tiere lastete vor allem auf den kurzen, aber kräftigen Hinterbeinen. Gebogene Krallen an den Vorderbeinen hinderten die Chalicotherien daran, mit dem Handballen aufzutreten. Statt dessen gingen sie auf den Fingerknöcheln.
NACHWEIS: Aus dem ausgehenden Oligozän stammende Fossilien wurden in Asien gefunden. Auf den Fingerknöcheln gehende Tiere entwickelten sich dort wahrscheinlich schon zu einem wesentlich früheren Zeitpunkt und dürften in den bewaldeten Regionen der Mongolei gelebt haben.
GRÖSSE: Männliche Tiere erreichten eine Risthöhe von etwa 2,6 Meter, Weibchen 1,8 Meter.
NAHRUNG: Der Oberkiefer weist keine Schneidezähne auf und auch die Backenzähne zeigen nur wenig Abnutzungsspuren, weshalb sich die Tiere wahrscheinlich nur von weichen, frischen Trieben ernährten, die sie sich wie der moderne Panda in den Mund schoben.
ZEIT: Vor 45–3,5 Millionen Jahren.

Vögel aufschrecken, um ein paar Kreise in der Luft zu ziehen und sich dann unweit des Kalbes wieder niederzulassen.

Als ihm dieses Spiel langweilig geworden ist, geht das Junge auf Kaninchenjagd. Bei deren Verfolgung sieht es sich plötzlich mit einem *Nimravus* konfrontiert. Das elegante, katzenartige Raubtier ist auf der Jagd nach Kaninchen und scheint über die Begegnung ebenso überrascht wie das *Indricotherium*. Sprungbereit zusammengekauert stößt der *Nimravus* einen hohen Zischlaut aus und schlägt damit das wesentlich größere, aber unerfahrene Kalb in die Flucht. Verunsichert läuft es zu seiner Mutter zurück.

Im Verlauf des Nachmittags widmet die *Indricotherium*-Kuh ihre Aufmerksamkeit drei dicht beieinander stehenden Eichen, während das Kalb nicht mehr von ihrer Seite weicht. Unweit der Eichen befindet sich ein feuchtes Stückchen Land, auf dem junge Schösslinge wachsen. Als die Hitze des Tages allmählich nachlässt, zeigt sich ein ausgewachsenes *Chalicotherium*, das hier nach Nahrung sucht.

Es dauert eine Weile, bis sich das *Chalicotherium* zum Äsen niederlässt. Auf den Hinterbeinen sitzend, macht es sich daran, mit seinen langen Armen nach Ästen und Zweigen zu greifen. Mit dem weichen braunen Fell und der dunklen Zeichnung rund um die Augen macht dieses Tier einen geradezu sanftmütigen Eindruck. In Wahrheit jedoch kann es außerordentlich gefährlich werden: Die langen Krallen an den Vorderpfoten sind durchaus in der Lage, den Leib eines *Hyaenodon* aufzureißen. In seinem angestammten Lebensraum, dem Wald, hat das *Chalicotherium* daher nur wenige natürliche Feinde.

Die *Indricotherium*-Kuh hält im Fressen inne und sieht nach ihrem Kalb, das gerade den verlassenen Bau eines Bärenhundes entdeckt hat. Das Muttertier wirkt unruhig – es dauert nicht mehr lange bis zum Einbruch der Nacht, die unweigerlich Beute suchende Hyaenodonten auf den Plan rufen wird. Die Kuh schnaubt, um ihr Junges zu sich zu rufen. Kaum hat es sich

Grünes Land

Würde es einen Außerirdischen auf unseren Planeten verschlagen, könnte er leicht den Eindruck gewinnen, Gräser seien die dominante Lebensform auf der Erde. Gräser bedecken weite Teile des Globus und scheinen nicht nur die Pflanzen fressenden Tiere, sondern auch den Ackerbau betreibenden Menschen in eine Beziehung der Abhängigkeit gezwungen zu haben, die die Ausbreitung dieser Pflanzenfamilie noch befördert. Obwohl Gräser eine vergleichsweise neue Erscheinung sind, haben sie in der kurzen Zeit ihrer Existenz das Gesicht der Erde nachhaltig beeinflusst.

Enge Verbindung
Einst entwickelten sich die Gräser in Co-Evolution mit Pflanzenfressern. In jüngerer Zeit haben sie sich durch die Ausbildung von Getreidesorten auch für den Menschen unentbehrlich gemacht.

Gräser fossilisieren schlecht, sodass sich der Zeitpunkt ihres ersten Auftretens nur schwer bestimmen lässt, auch wenn wir mit Sicherheit davon ausgehen können, dass Dinosaurier wohl nie über Wiesen wandelten. Die ältesten Fossilien von Gräsern stammen aus dem ausgehenden Paläozän (vor etwa 55 Millionen Jahren). Angesichts der Entwicklung der Säugetiere im Känozoikum ist davon auszugehen, dass es Gräser gab, die aber wohl noch eher selten auftraten. Erst das kältere, trockenere Klima des Oligozäns förderte eine signifikante Verbreitung dieser Pflanzenfamilie. Das Zurückweichen der tropischen Wälder in die Äquatorregionen schaffte Platz für weit ausgedehnte Steppen. Wann zum ersten Mal Grasländer im eigentlichen Sinne entstanden, lässt sich nicht mit Bestimmtheit sagen, doch dass sie im mittleren Miozän vorhanden waren, scheint gesichert.

Das Ökosystem »Grasland« war entscheidend für die Evolution der Säugetiere. Pflanzen fressenden Tieren boten die ausgedehnten Grasflächen leicht erreichbare Nahrung im Überfluss. Andererseits sind Gräser nur schwer zu verdauen. Um sie sich als Nahrung nutzbar zu machen, mussten die herbivoren Säugetiere Gebiss und Verdauungssystem der Aufnahme von Gräsern anpassen. Außerdem mussten sie die Fähigkeit entwickeln,

Liebe zum Rasen
Man könnte den Menschen auch als »gute Fee« der Gräser bezeichnen, schafft er doch ideale Bedingungen für deren evolutionären Erfolg.

auf der Suche nach frischem Weideland größere Distanzen zurückzulegen und sich vor Raubtieren durch Flucht zu retten. Daher hatten sich im mittleren Miozän auf allen Kontinenten mit gemäßigtem Klima Gras fressende Säugetiere entwickelt, die in der Lage waren, sich schnell fortzubewegen.

Es gibt Anzeichen dafür, dass es in Asien früher als auf anderen Kontinenten, nämlich bereits im Oligozän, Grasländer gab. Einige der Fossilfunde von Nagetieren und Hasen aus Hsanda Gol weisen Zahnausformungen auf, die auf die Zerkleinerung harter Gräser schließen lassen. Demnach könnte das Schwemmland von Hsanda Gol die Wiege unserer heutigen Prärien, Savannen und Rasenflächen gewesen sein.

zwischen ihre Beine gestellt, stößt sie auch schon einen Warnruf aus – in einiger Entfernung hat sie auf einem Hügel ein *Hyaenodon* entdeckt. Gleich darauf erscheint ein zweiter Räuber an seiner Seite. Gemeinsam verschwinden sie in dem Gestrüpp aus Salzbüschen. Schon jetzt sind sie mit ihrem braun-gelb gefleckten Fell im Dämmerlicht kaum zu erkennen. Das *Indricotherium* tritt mit seinem Kalb den Rückzug an. Das *Chalicotherium* dagegen hat die Raubtiere noch nicht bemerkt.

Die Hyaenodonten lassen sich Zeit, um sich ihrer Beute zu nähern. Sich tief ins Gebüsch duckend, trennen sich die Raubtiere, um sich ihrem Opfer von verschiedenen Seiten zu nähern. Als sich das eine bis auf 50 Meter herangepirscht hat, verlässt es plötzlich die Deckung und läuft direkt auf sein Opfer zu. Das *Chalicotherium* stößt einen Warnschrei aus, erhebt sich auf die Hinterbeine und holt mit seinen langen Armen zum Schlag aus. Das *Hyaenodon* bleibt stehen und fletscht die Zähne. Bevor das *Chalicotherium* zuschlagen kann, springt das zweite Raubtier auf seinen Rücken und streckt es zu Boden. Wie Schraubstöcke umklammern die Kiefer der Hyaenodonten das *Chalicotherium*, eines hat einen Vorderlauf zu fassen bekommen, das

Rückhand: Das *Chalicotherium* verfügt über Furcht einflößende Krallen, mit denen sich das Tier nicht nur verteidigen kann, sondern auch beim Fressen Zweige ergreift. Um die Klauen nicht zu beschädigen, stützt es sich auf die Fingerknöchel und kann sich daher nur langsam fortbewegen.

Sicher ist sicher
Ein weibliches *Chalicotherium* bringt sein Junges vor zwei Hyaenodonten in Sicherheit, auch wenn es unwahrscheinlich ist, dass die Räuber den offenen Angriff auf ein derart großes Tier wagen würden.

Blutrausch
Aus dem Hinterhalt fallen zwei Hyaenodonten über ein altes *Chalicotherium*-Männchen her. Sie müssen sich in seiner Kehle verbeißen, bevor das Männchen Gelegenheit hat, zum Schlag gegen sie auszuholen.

andere beißt sich im Genick fest. Innerhalb weniger Sekunden ist sein Schicksal besiegelt.

Rasch legt sich die Nacht über die Ebene. Sobald die Hyaenodonten sicher sind, dass ihr Opfer tot ist, beginnen sie es zu zerfleischen. Sie müssen sich beeilen, denn Kampflärm und Blutgeruch ziehen andere nächtliche Jäger an. Als Erster stellt sich ein Bärenhund ein. Dann schleichen sich ein paar *Nimravus* an, die den Kadaver umkreisen. Die Hyaenodonten reagieren gereizt und versuchen die Konkurrenz durch Zähnefletschen und Knurren zu vertreiben. Und tatsächlich flüchtet sich der Bärenhund in den Schutz der Dunkelheit. Doch schon bald betritt ein wesentlich gefährlicherer Gegner die Szene.

> Die Hyaenodonten müssen sich beeilen, denn Kampflärm und Blutgeruch ziehen andere nächtliche Jäger an

Aus der Nacht taucht plötzlich ein Entelodonte auf. Eifersüchtig wachen die Hyaenodonten über den Kadaver, doch das riesige Schwein ist unvorsichtig genug, sich dennoch zu nähern. Eine ganze Gruppe von Entelodonten hätte leichtes Spiel mit den Raubtieren, doch allein auf sich gestellt hat das Tier kaum eine Chance auf einen Anteil an der Beute. Unvermittelt stürzen sich die Hyaenodonten auf das Schwein. Mit seinen Hauern kann es sich der Angreifer zwar eine Weile erwehren, doch auf lange Sicht ist sein Kampf aussichtslos und so ergreift es schließlich die Flucht, verfolgt von den Räubern.

Zum Glück für den Entolodonten geben sie die Verfolgung schon bald auf und erschöpft bleibt er zwischen ein paar Salzbüschen stehen. Es wird nicht lange dauern, bis sich Artgenossen zu ihm gesellen, und gemeinsam werden sie zu dem Kadaver zurückkehren. Zunächst aber müssen die Hyaenodonten eine Horde Bärenhunde vertreiben, die sich in ihrer Abwesenheit über das Aas hergemacht haben. Nicht weit entfernt nimmt das *Indricotherium*-Junge die Witterung der tödlichen Räuber auf und prägt sich deren Geruch ein.

Auf der Flucht
(FOLGENDE DOPPELSEITE)
Da die Hyaenodonten in der Überzahl sind, lässt sich ein Entelodonte beim Kampf um einen Kadaver in die Flucht schlagen. Normalerweise sind es jedoch die Räuber, die den Kürzeren ziehen.

Der lange Marsch Tiefrot versinkt die Sonne im gelben Dunst. Es ist Hochsommer und kaum vorstellbar, dass diese Ebene voller Leben ist. Die meisten Bäume haben ihr Laub abgeworfen, um die Trockenheit zu überstehen, und bieten keinen Schatten. Alle grünen Kräuter sind verschwunden und ein heftiger Wind wirbelt feinen Staub durch die Luft. Eine *Hyracodon*-Herde zieht auf der Suche nach Vegetation durch den Sandsturm. Vereinzelt sieht man kleine Flecken Grün, wo sich immergrüne Bäume zusammendrängen.

Im Schatten einer solchen Baumgruppe steht die *Indricotherium*-Kuh. Ihr Körper ist über und über mit hellgelbem Staub bedeckt. Unter ihr steht ihr Junges, das niest und mit den Ohren wackelt, um sich gegen den Sand zu wehren. Es ist jetzt sechs Monate alt und passt nicht mehr so leicht unter den Bauch seiner Mutter. Es versucht zu saugen, doch irgendwie will ihm das nicht recht gelingen. Die Kuh tritt unruhig von einem Bein aufs andere und schiebt den Kopf ihres Kalbs weg. Das Junge versucht noch einmal, an die Zitzen zu kommen, wird aber wieder, nun noch ruppiger und begleitet von einem aggressiven Schnauben, weggestoßen. Ängstlich wiehernd stolpert das Kalb in den Sandsturm hinaus. Es versteht nicht, dass die Kuh aufgrund der herrschenden Dürre keine Milch mehr hat und daher das Saugen an ihren Zitzen für sie immer schmerzhafter wird. In den letzten Tagen hat sie zwar immer wieder ein paar immergrüne Pflanzen gefunden, aber kein Wasser – alle Wasserlöcher, die sie kennt, sind ausgetrocknet.

Die Dämmerung bricht herein und das Muttertier macht sich einmal mehr auf die Suche nach Wasser. In lang anhaltenden Hitzeperioden wandern Indricotherien nachts. Immer wieder bleibt die Kuh stehen und nimmt Witterung auf: Mit ihrer extrem empfindlichen Nase kann sie Wasser über große Distanzen riechen. In einigem Abstand folgt das Junge. Nach etwa einer Stunde bleibt die Kuh stehen und beginnt zu schnauben und zu wiehern. Aus der Dunkelheit tritt ein zweites *Indricotherium*-Weibchen hervor,

Zeit für einen Ortswechsel
Während einer Dürreperiode ziehen Indricotherien bevorzugt nachts weiter, um eine Überhitzung des Körpers zu vermeiden. Auf der Suche nach Wasser legen sie große Distanzen zurück.

Schätze in der Wüste Gobi

Paläontologen stehen nicht gerade im Ruf, besonders leichtsinnig oder verwegen zu sein. Der Abenteurer Roy Chapman Andrews allerdings bildete eine Ausnahme. Das Vorbild für Steven Spielbergs Leinwandhelden Indiana Jones entdeckte einige der bedeutendsten Fossilien, darunter auch das erste fast vollständig erhaltene Skelett eines *Indricotherium*.

Andrews, ein gelernter Tierpräparator, war nicht nur ein Draufgänger, er hatte offenbar auch eine gehörige Portion Glück. Anfang der 20er Jahre stieß er zum American Museum of Natural History in New York und beschloss, eine Expedition in die bis dahin unerforschte und als gefährlich geltende Wüste Gobi in der Mongolei zu unternehmen. Er war überzeugt, dort zahlreiche Fossilien zu finden, die unter Umständen auch über das »Missing Link« zwischen Menschen und Affen Aufschluss geben könnten. Schließlich traf er im April 1922 mit drei Automobilen, zwei Lastwagen und 75 Kamelen in der Wüste Gobi ein. Bereits nach wenigen Tagen erwies sich die Expedition als voller Erfolg – Andrews und seine Mitarbeiter gruben Dutzende von riesigen Dinosaurierknochen aus.

Andrews wurde zur Legende, staunend nahm die Weltöffentlichkeit seine Berichte

Indiana Jones
Roy Chapman Andrews soll Pate gestanden haben für die berühmte Kinofigur des Abenteurers.

Legendenbildung
Andrews' Expedition in die Mongolei wurde von der Weltöffentlichkeit mit Aufmerksamkeit verfolgt. Das Fossilienmaterial, das er entdeckte, war einzigartig.

über Kämpfe mit Banditen, Sandstürmen und härtesten Witterungsbedingungen auf. Mehr oder weniger zufällig stieß er auch auf die Ablagerungen von Hsanda Gol und bereitete damit Entdeckungen den Weg, die eine Lücke von mehreren Millionen Jahren im Fossilbericht der asiatischen Säugetiere schließen. Andrews' Expeditionsteam brachte die versteinerten Überreste von Indricotherien, Entelodonten und Hyaenodonten

Bereits nach wenigen Tagen erwies sich die Expedition als voller Erfolg – Andrews und seine Mitarbeiter gruben Dutzende von riesigen Dinosaurierknochen aus

zurück. Ein Exemplar eines *Indricotherium* erregte besonderes Interesse, da die Beine aufrecht stehend gefunden wurden.

Seit einiger Zeit allerdings wird Andrews' wissenschaftlicher Beitrag zu der Expedition zunehmend in Frage gestellt. Obgleich unbestritten ist, dass er ein hervorragender Anführer und mutiger Abenteurer war, scheint er sich jüngsten Darstellungen zufolge mehr für seine Waffe als für Fossilien interessiert zu haben. Während die zu seinem Ausgrabungsteam gehörenden Paläontologen in der Wüste nach Knochen suchten, machte sich Andrews auf die Jagd nach einem anständigen Braten für das Abendessen. Den Beweis für ein »Missing Link« zwischen Menschen und Affen jedenfalls fand er nicht.

1930 machte die politische Situation den Expeditionen in die Wüste Gobi ein Ende. Einige Jahre später wurde Andrews zum Leiter des American Museum of Natural History ernannt. Die neuerliche Erforschung der Fossilienstätten in der Mongolei in den 1990er Jahren erlebte er allerdings nicht mehr.

Knochenschicht
Obgleich Andrews vor allem Knochen von Dinosauriern ausgrub, stieß er auf seinen Expeditionen auch immer wieder auf Fossilien prähistorischer Säugetiere wie diesen Schädel eines Titanotheriers.

Stehend gestorben
Zu Andrews' bekanntesten Funden zählen die versteinerten, aufrecht stehenden Beine eines gigantischen *Indricotherium*, das offenbar im Schlamm stehen geblieben und verendet war.

wesentlich älter und ohne Nachwuchs. Die beiden begrüßen sich freundlich schnüffelnd. Dann wendet sich das ältere Weibchen ab und geht davon. Das jüngere folgt ihr, im Schlepptau das erschöpfte Kalb.

Man kann davon ausgehen, dass Indricotherien relativ genaue topografische Informationen über ihre Umwelt speichern konnten. Vor allem ältere Tiere dürften in der Lage gewesen sein, auch Tausende von Quadratkilometern ihres Lebensraums detailliert in Erinnerung zu behalten. In Zeiten der Dürre ist dieses Wissen lebensnotwendig. Und so befindet sich das ältere Weibchen nun auf dem Weg zu einem Wasserloch im Norden, das sie möglicherweise seit Jahren nicht mehr aufgesucht hat.

Immer wieder versucht das Junge seine Mutter dazu zu bewegen, stehen zu bleiben und es zu säugen, doch ohne Erfolg

Gemeinsam ziehen die drei Indricotherien durch die Nacht. Schon bald gesellen sich zwei weitere Weibchen mit Kälbern zu ihnen. Immer wieder versucht das Junge seine Mutter dazu zu bewegen, stehen zu bleiben und es zu säugen, doch ohne Erfolg. Als der Morgen graut, haben sie mehr als 80 Kilometer zurückgelegt und damit fast den Fuß des Uskuk-Plateaus erreicht.

Mit einem lang gezogenen Bellen signalisiert das alte Weibchen, dass es gefunden hat, wonach sie gesucht haben. Hinter einer Hügelkuppe liegt ein von einer Quelle gespeister Tümpel. Als sich die Indricotherien dem Tümpel nähern, scheuchen sie eine Herde nervöser Hyracodonten auf. Unbelästigt von den zwischen den Algen lauernden Krokodilen, beginnen sie am Ufer stehend zu saufen. Auf wackeligen Beinen folgt das Junge seiner Mutter in den Schlamm, um zu trinken. Bis die Kuh wieder Milch hat, wird noch eine Weile vergehen, sodass es sich vorerst mit Wasser begnügen muss.

Parade der Giganten

Alle Welt interessiert sich für Rekorde – höher, schneller, weiter. Wenn es um längst ausgestorbene Lebewesen geht, scheint eine Frage besonders faszinierend: Welches Tier war das größte? Das Gewicht eines Lebewesens allein aufgrund seines Skeletts zu ermitteln erweist sich als sehr schwierig. Die Entdecker der ersten *Indricotherium*-Fossilien verkündeten schon bald, dies sei »das größte Säugetier, das je gelebt hat«. Ihre Berechnungen lediglich auf den Fund einiger sehr großer Wirbel und eines Zehenknochens stützend, folgerten sie, dass die größten Exemplare von Indricotherium »viereinhalb Mal so schwer wie der größte bekannte Elefant [6,6 Tonnen] und beinahe zweimal so schwer wie das schwerste Mammut« gewesen seien.

Die fast 30 Tonnen schwere Kreatur wäre wahrlich beeindruckend gewesen. Doch diese ersten Rekonstruktionen gingen fälschlicherweise davon aus, dass das *Indricotherium* ähnliche Proportionen wie ein Nashorn hatte. Heute wissen wir, dass die Tiere wesentlich schlanker waren und über einen langen Hals und lange Beine verfügten. Jüngste Berechnungen kommen daher auf ein Durchschnittsgewicht von »nur« 11 Tonnen, einige besonders große Exemplare dürften es auf maximal 15 bis 20 Tonnen gebracht haben. Die größten der nordamerikanischen Mammuts wogen etwa 10 Tonnen, sodass das *Indricotherium* nach wie vor – wenn auch nur knapp – den Rekord hält.

Allerdings nur an Land, denn im Vergleich mit einigen der im Wasser lebenden Giganten nehmen sich Mammut und *Indricotherium* geradezu wie Zwerge aus. So ist der heute lebende Blauwal mit seinen 130 Tonnen wohl tatsächlich das größte Tier, das je gelebt hat. Marine Lebewesen sind, was Größe anbelangt, eindeutig im Vorteil. Zum einen weil sie Auftrieb durch das Wasser erhalten und daher nicht Beine entwickeln müssen, die ihr enormes Körpergewicht tragen können. Zum anderen muss bei großen an Land lebenden Tieren das Verhältnis zwischen Körperoberfläche und Hitze produzierendem Körpervolumen stimmen, damit die Tiere sich nicht »überhitzen«. Ein Lebewesen, das in kaltem Wasser schwimmt, hat dieses Problem selbstverständlich nicht.

Der Größte von allen
Im Vergleich mit Fossilien anderer Giganten scheinen die Wale die größten Lebewesen zu sein, die die Evolution hervorgebracht hat.

Mammutfunde
Dieser Oberschenkelknochen eines Mammuts ist mit einer Länge von 1,5 Meter der größte, den man bisher gefunden hat.

Unterschiedliche Welten
Für Indricotherien ist ein über die Ufer getretener Fluss allenfalls ein lästiges Hindernis. Bärenhunden dagegen können die Fluten, die in ihre Bauten eindringen, den sicheren Tod bringen.

Bärenhunde verdanken ihren Namen der Tatsache, dass sie nicht nur entfernte Vorfahren von Bär und Hund sind, sondern auch Merkmale beider Gruppen in sich vereinen. Diese mongolische Art hat etwas mehr vom Hund als vom Bär.

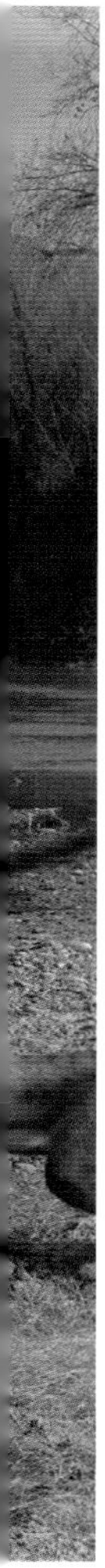

Leben und Tod Der Beginn der Regenzeit kündigt sich durch dunkle Wolken an, aus denen zunächst nur einige wenige schwere Tropfen fallen. Doch schon kurz darauf treiben dichte Regenschauer über die Ebene, aus Pfützen werden Seen, Bäche schwellen zu Flüssen und Flüsse zu reißenden Strömen an. Die ganze Ebene ist jetzt von Wasserläufen durchzogen und viele Tiere flüchten sich auf höher gelegenes Terrain.

Durch einen dieser neu entstandenen Flüsse watet die *Indricotherium*-Kuh mit ihrem Kalb im Schlepptau. Immer wieder reißt die Strömung das Junge von den Beinen, sodass der Kopf untertaucht. Aber Indricotherien sind gute Schwimmer und so erreichen Mutter und Kind schließlich wohlbehalten das andere Ufer. Doch während die Kuh keine Schwierigkeiten hat, auf die hohe Uferböschung zu klettern, rutscht das Junge immer wieder ins Wasser zurück. Das Muttertier wartet geduldig im Regen, bis es dem Jungen endlich gelingt, ein Bein und den Kopf über die Kuppe der Böschung zu schieben. Etwas ungeschickt zieht es sich vollends ans Ufer, richtet sich auf und schüttelt den Schlamm aus dem Fell.

Indricotherien sind gute Schwimmer und so erreichen Mutter und Kind schließlich wohlbehalten das andere Ufer

Noch immer steigt das Wasser im Fluss mit rasanter Geschwindigkeit. Etwas weiter unten am Ufer reicht es jetzt bis zum Eingang eines Baus, der von Bärenhunden bewohnt wird. Das Muttertier muss geschlafen haben, als das Wasser stieg, sonst hätte es den Bau schon längst verlassen. Hinter ihm spielen zwei Welpen. Bevor es die Jungen dazu bringen kann, durch den Fluss zu schwimmen, dringt bereits Wasser in den Bau und der Eingang stürzt ein. Die Bärenhunde sind gezwungen, sich tiefer in den Bau zurückzuziehen. Vor den schlammigen Fluten rettet sie jedoch auch dies nicht.

Tragödien dieser Art spielen sich zur Regenzeit überall ab und dennoch ist das Wasser Leben spendend. Innerhalb weniger Wochen zeigt sich überall frisches Grün. Ein Großteil der Herbivoren hat jetzt Nachwuchs, sodass Raubtiere Beute im Überfluss machen können. Das *Indricotherium*-Kalb wird immer selbstständiger und erkundet nun häufiger in einiger Entfernung von seiner Mutter die nähere Umgebung. Mit jedem Tag, an dem es größer und kräftiger wird, verringert sich die Gefahr, dass es ein Opfer der Raubtiere wird. Dennoch, bevor sich das Kalb gegen den Angriff eines *Hyaenodon* erfolgreich wehren kann, wird es noch einige Zeit dauern.

Der dunkle Fremdling Monate vergehen. Eine nächste Trockenzeit zieht ins Land, doch das Band zwischen Muttertier und Kalb bleibt stark, auch wenn das Junge mit etwas mehr als einem Jahr entwöhnt wird. Zu Beginn der folgenden Regenzeit wird die Kuh wieder empfängnisbereit. Für das Kalb hat dies zunächst noch keine unmittelbaren Folgen, doch in das Leben seiner Mutter wird in der nächsten Zeit einige Unruhe einkehren.

Die Pheromone, die das Weibchen mit seinem Kot ausscheidet, locken *Indricotherium*-Männchen an. Und so taucht tatsächlich bald der erste Freier auf – ein noch nicht ganz ausgewachsener Bulle. Er schnüffelt an einem Kothaufen des Weibchens, schnaubt und nimmt Witterung auf. Mit gesenktem Kopf nähert er sich der Kuh und zeigt dabei seine gelben Zähne. Das Weibchen jedoch gibt sich unbeeindruckt. *Indricotherium*-Kühe warten mit der Paarung, bis sich ihnen ein besonders großes und starkes Männchen nähert. Die Kuh fährt herum und bockt, der Bulle zieht sich zurück. Als sie weiterzuziehen beschließt, folgt er ihr und schnüffelt an ihrem Hinterteil, woraufhin sie nach ihm ausschlägt.

Während sich all dies abspielt, läuft das Junge unruhig hin und her, hält sich aber immer in der Nähe seiner Mutter. Die Paarung ist gefährlich für das Kalb, und das nicht nur, weil es den kräftigen Hufen der erwachsenen

Tiere in die Quere kommen kann, sondern auch, weil buhlende Männchen aus Eifersucht manchmal sogar Jungtiere töten.

Die Werbung des Männchens scheitert nicht nur am Desinteresse der Kuh – schon bald taucht ein zweiter, 15 Tonnen schwerer Bulle auf, der sich hier in seinem Revier befindet und der Kuh schon seit einiger Zeit gefolgt ist. Bellend verkündet er seine Absichten, als wie aus dem Nichts plötzlich noch ein Bulle auftaucht, älter als der zweite, aber ebenso groß. Das erste, jüngste Männchen macht sich davon – es hat erkannt, dass hier eine andere Liga spielt.

Das zuletzt hinzugekommene Männchen nähert sich der Kuh. Doch der andere, dunklere Bulle stellt sich seinem Rivalen entgegen. Kampfbereit mustern sie sich und umkreisen sich schnaubend, bis sie schließlich Seite an Seite stehen bleiben. Dann holt der dunklere Bulle zum Kopfstoß aus – machtvoll lässt er seinen Schädel in die Flanke des Gegners krachen. Doch der hält diesem Schlag Stand und holt zum Gegenangriff aus. Das Schädeldach männlicher Indricotherien ist massiver als das der Weibchen, sodass der Kopf als wirkungsvolle Waffe eingesetzt werden kann. Rivalisierende *Indricotherium*-Bullen sind in der Lage, sich Stunden währende Kämpfe zu liefern. Daher zieht es das Weibchen vor, sich mit seinem Jungen in Sicherheit zu bringen.

Es ist bereits Nachmittag, als es dem dunkleren Bullen endlich gelingt, seinen Rivalen in die Flucht zu schlagen. Triumphierend schnaubt der Sieger und wendet sich nun wieder dem Weibchen zu. Einmal mehr reagiert die Kuh auf Annäherungsversuche zunächst mit Flucht, doch der erfahrene Bulle ist hartnäckiger als das junge Männchen. Irgendwann gibt die Kuh dem Drängen des Bullen nach, bleibt stehen und lässt sich von ihm besteigen. Während sie sich paaren, wagt sich das Kalb an die Seite seiner Mutter und begibt sich damit in größte Gefahr. Doch zu seinem Glück wird es – zumindest vorerst – von dem riesigen Bullen ignoriert.

Harte Nuss
Die Wucht, mit der die Körper kämpfender *Indricotherium*-Bullen aufeinander prallen, ist enorm. Da die Tiere ihren Gegner mit dem Kopf rammen, haben sie verdickte Schädelknochen entwickelt, die sie vor Verletzungen schützen.

Der Paarungsakt selbst dauert nicht lange – das enorme Gewicht des Bullen kann die Kuh nur über einen kurzen Zeitraum tragen. Und so beginnt sie sich schon nach wenigen Minuten zu bewegen und der Bulle steigt von ihrem Rücken. Zum ersten Mal scheint er nun das Kalb zu bemerken, das irritiert wiehert. Ärgerlich schnaubt der Riese und setzt zum Angriff an. Glücklicherweise taucht jedoch in diesem Moment ein weiteres Männchen auf. Sobald der alte Bulle diesen Rivalen entdeckt, lässt er von dem Kalb ab. Er wird keinen anderen Rivalen in der Nähe der Kuh dulden, auch nicht nach der Paarung. Also richtet er nun seine ganze Aufmerksamkeit auf den Eindringling. Die Kuh und ihr Junges sehen dem Kampf zwischen den beiden Bullen eine Weile lang aus sicherer Entfernung zu, dann ziehen sie weiter.

Getrennte Wege Zwei Jahre sind seit der Paarung vergangen, in denen die Kuh und ihr Junges eine extrem lange Dürreperiode überstehen mussten. Der Strapazen ungeachtet, verläuft die Schwangerschaft des Weibchens problemlos. Das Kalb ist inzwischen drei Jahre alt und hat eine Schulterhöhe von mehr als 2 Meter erreicht. Immer weniger Zeit verbringt es in der unmittelbaren Nähe seiner Mutter, doch wenn sich beide Tiere sehen, begrüßen sie sich immer noch, indem sie die Schnauzen aneinander reiben. Lange aber wird dieses innige Verhältnis nicht mehr andauern.

Einmal mehr hat die Regenzeit begonnen und die Ebene mit frischem Grün überzogen. Die *Indricotherium*-Kuh und ihr Junges weiden in einem dichten Buchenhain. Geschickt versucht das Kalb an die Blätter unterhalb des Kopfes seiner Mutter zu kommen. Doch die Kuh schiebt es mit einem kräftigen Kopfstoß beiseite. Verunsichert zieht sich das Junge zurück, beobachtet seine Mutter eine Weile und wagt sich dann erneut an ihre Seite. Dieses Mal reagiert sie noch aggressiver und treibt es durch ihren Angriff in die Flucht.

Prekärer Standpunkt
Während der Paarung versucht das Kalb in der Nähe seiner Mutter zu bleiben, was nicht ungefährlich ist. Nicht selten werden Junge in dieser Situation durch Bullen – versehentlich oder gezielt – verletzt.

Tod eines Ozeans

Solange noch Zeit ist
Nur wenige Urlauber, die sich an seinen Stränden sonnen, wissen, dass das Mittelmeer durch die Nordwärtsbewegung des afrikanischen Kontinents bedroht ist.

Am Ende des Oligozäns, vor etwa 23 Millionen Jahren, wurde durch die Bewegung der Kontinente ein alter und einst blühender Ozean zerstört – das Tethys-Meer. Schon vor dem Auftauchen der ersten Dinosaurier, also vor mehr als 220 Millionen Jahren, hatte dieses Meer den riesigen Südkontinent Gondwana von seinem nördlichen Gegenstück Laurasia getrennt. Als sich diese Landmassen teilten und zu verschieben begannen, wurde der einst offene Ozean zwischen Afrika im Süden und Europa und Asien im Norden gleichsam »eingeklemmt«. Zum Zeitpunkt des Auftauchens der Säugetiere vor 65 Millionen Jahren war von dem Meer nicht viel mehr übrig geblieben als ein lang gestreckter, von West nach Ost verlaufender Wasserarm, der den neu gebildeten Atlantik mit dem schon länger bestehenden Indischen Ozean verband. Trotz seiner deutlich reduzierten Größe sorgte er noch immer für ein Klima, das in einer Gegend, die heute zu den trockensten der Erde gehört, Regenwälder wachsen ließ.

Die Verbindung zwischen Atlantik und Indischem Ozean wurde erst mit der Eröffnung des Sueskanals im Jahr 1869 wieder hergestellt

Im Laufe der folgenden Jahrtausende schoben sich Afrika und Arabien immer weiter nordwärts auf Europa zu, sodass schließlich, am Ende des Oligozäns, die Kontinente im Gebiet des heutigen Iran aneinander stießen. Doch das Sterben des Tethys-Meeres sollte sich noch eine Weile hinziehen. Zunächst bildeten sich einige kleinere, unzusammenhängende Meere, das so genannte Paratethys-Meer, bis die Verbindung zwischen Atlantik und Indischem Ozean endlich ganz verschwand. Erst mit der Eröffnung des Sueskanals im Jahr 1869 wurde sie wieder hergestellt. Mit dem Verschwinden des Meeres wurde das Klima in der Region wesentlich trockener.

Das Mittelmeer ist alles, was heute noch vom früheren Tethys-Meer geblieben ist. Doch auch dieses wird durch die unaufhaltsame Nordwärtsbewegung Afrikas irgendwann einmal ausgelöscht werden.

Sieht so die Zukunft aus?
Gipsablagerungen wie diese sind zu einer Zeit entstanden, als das Mittelmeer zuerst verdunstete und dann durch Atlantikwasser wieder aufgefüllt wurde.

Ihr Verhalten lässt darauf schließen, dass sie bald werfen wird. Bis zur Geburt ihres neuen Kalbes dauert es nur noch wenige Tage. Instinktiv jagt sie das ältere Junge davon – mehr als ein Kalb kann sie nicht beschützen und überdies wäre das Neugeborene durch ein eifersüchtiges Geschwister Gefahren ausgesetzt. Die Gegenwart eines weiblichen Kalbes würde die Kuh unter Umständen noch tolerieren, doch ihr dreijähriges Junges ist ein Männchen und stellt somit automatisch eine Bedrohung für das Neugeborene dar.

Als die Nacht hereinbricht, ist das Kalb das erste Mal in seinem Leben allein in der Dunkelheit. Zwar gibt es kaum Raubtiere, die groß genug sind, um ihm wirklich gefährlich zu werden, doch es wird nicht lange dauern, bis ein Creodonte die Witterung des schutzlosen Jungtieres aufnimmt.

Und richtig, schon bald nimmt das Kalb einen Geruch wahr, den es mit Gefahr assoziiert – den Geruch eines *Hyaenodon*. Mit aufgestellten Ohren versucht es herauszufinden, woher die Bedrohung kommt. Zugleich starrt es angestrengt in die Dunkelheit hinein. Alles ist still.

Instinktiv jagt die Kuh das ältere Junge davon – mehr als ein Kalb kann sie nicht beschützen

Dann hört das Kalb etwas – durch ein Meerträubel-Dickicht schleicht sich ein *Hyaenodon*-Weibchen an. So wie es das Kalb von seiner Mutter gelernt hat, greift es den Creodonten an. Und obwohl es weder über das Gewicht noch die Erfahrung eines ausgewachsenen Tieres verfügt, kann es den Angreifer in die Flucht schlagen – es hat nicht nur richtig erfasst, von wo die Gefahr drohte, es hat auch Glück, dass das *Hyaenodon* allein ist. Schon nach wenigen Metern gibt das *Indricotherium*-Junge die Verfolgung auf und schickt dem *Hyaenodon* noch ein letztes warnendes Schnauben hinterher. Das Kalb hat seine erste Mutprobe bestanden, jetzt steht es wirklich auf eigenen Füßen.

4 Die Rache der Beute

Unsere Welt vor 3,2 Millionen Jahren

Im mittleren Pliozän fügen sich viele Teile des Puzzles zusammen und ergeben das Bild einer Welt, die uns bekannt vorgekommen wäre. Afrika, Europa und Asien sind verschmolzen, was bald auch für die beiden Amerikas gelten wird. Das Klima wird weiterhin kühler und trockener. Am Äquator gibt es immer noch tropische Wälder, aber ein Drittel der Erdoberfläche ist von Grasland bedeckt, wo Elefanten, Pferde und Antilopen gemeinsam grasen, so wie sie es noch heute tun. Afrika ist die größte Landmasse und bildet eine Zuflucht für viele Tiere, die vor den Steppenlandschaften zurückweichen. Eine Gruppe von Säugetieren, die sich im mittleren Pliozän der offener gewordenen Umwelt anpassen muss, sind die auf Bäumen lebenden Primaten. Zunächst entwickeln sich die schwereren, schwanzlosen Menschenaffen. Ihnen folgt eine Art mit einem aufrechteren Gang, der es ihr ermöglicht, sich auf der Suche nach Nahrung zwischen den Bäumen und über die Ebenen zu bewegen. Es ist der Australopithecus, aus dem im Laufe der Zeit eines der seltsamsten Wesen hervorgehen wird, das die Erde je gesehen hat – der Mensch.

Dämmerung der Menschheit
(VORHERIGE DOPPELSEITE)
In der Morgendämmerung machen sich einige Australopithecinen auf die Suche nach Nahrung. Sie sind die einzigen Primaten, die aufrecht gehen.

Eine Familientragödie Der Tag ist heiß und ruhig. Während sich die meisten Tiere im Schatten ausruhen, sucht ein großes Stachelschwein nach Wasser. Auf dem Weg zu einem alten Akazienhain hält es inne, um sich einige Parasiten vom Körper zu kratzen. Seine langen Stacheln bewahren es zwar davor, von einem Löwen gefressen zu werden, aber sie verhindern auch, dass es sich ausreichend putzen kann, und machen es so zum ständigen Opfer von Zecken und Flöhen. Es schüttelt sich und setzt seinen Weg über die Ebene hinter den Bäumen fort. Es kann das Wasser bereits hören und riechen. Die Akazien wachsen an einem kristallklaren Bach, der bald breiter wird und sich unter den herabhängenden Zweigen entlangschlängelt.

Als sich das Stachelschwein dem Ufer nähert, wittert es noch etwas anderes. Etwas weiter den Bach hinauf sitzt eine Gruppe von Australopithecinen. Es sind große Menschenaffen, aber das Stachelschwein weiß, dass es sie nicht fürchten muss. Es ist vielmehr der Geruch des Todes, der es davon abhält, zu trinken.

Halb im Wasser liegt die leblose Gestalt eines weiblichen *Australopithecus*. Es gibt keinerlei Anzeichen von Gewalt – die schlechte Verfassung des Tieres lässt eher vermuten, dass es an einer Krankheit wie Malaria gestorben ist. Die anderen Mitglieder der Gruppe sitzen stumm in der Nähe. Ein großes Männchen kommt zu ihr, beugt sich über sie und schnüffelt, um sich zu überzeugen, dass sie tot ist. Dann kehrt er in den Wald zurück und setzt die Nahrungssuche fort. Einer nach dem anderen folgt ihm.

Nur ein Menschenaffe bleibt zurück – ein vierjähriges Männchen, dem wir den Namen Blue geben wollen. Er schaut die Leiche an und stößt ein lang gezogenes Wimmern aus. Seine Mutter liegt im Fluss, und auch wenn der soziale Zusammenhalt der Australopithecinen ausgesprochen stark ist, sieht für ihn die Zukunft ohne den Schutz und die Anleitung seiner Mutter düster aus. Schließlich stolpert er dem Rest der Gruppe hinterher.

Australopithecus
Zahlreiche Arten dieser Zweifüßer lebten vor etwa 4,5 bis 1,5 Millionen Jahren in Süd- und Ostafrika. Das in diesem Kapitel besprochene Tier ist der *Australopithecus afarensis*, eine der älteren Arten mit leichtem Körperbau.

NACHWEIS: *Australopithecus afarensis* ist uns durch Fossilfunde in Äthiopien (Hadar, Aramis), Tansania (Laetoli) und Kenia (Omo, Turkanasee, Koobi Fora und Lothagam) bekannt. Dieser Art gehört auch das unter dem Namen »Lucy« berühmt gewordene Fossil aus Hadar an.

GRÖSSE: Männchen 1,5 Meter, Weibchen 1–1,2 Meter.

NAHRUNG: U.a. Früchte, Knollen, Nüsse, wahrscheinlich auch Fleisch.

ZEIT: Vor 3,9–3 Millionen Jahren.

Allein gelassen
Blue ist erst vier Jahre alt, als seine Mutter stirbt. Ohne sie hat er nur geringe Überlebenschancen.

Gipfeltreffen
Viele der großen Gebirge wie der Himalaya bildeten sich im Miozän.

Das Land unserer Vorfahren

Auch wenn eine Landkarte der Erde im späten Miozän und Pliozän der heutigen sehr ähnlich gewesen wäre, so stellt diese Epoche doch erst den Beginn der so genannten alpinen Gebirgsbildungsphase dar. In dieser Zeit entstanden die Alpen, das Himalayagebirge, die Anden und die Rocky Mountains sowie die Senkungsgräben Ostafrikas und des Roten Meers. Dadurch bildeten sich nicht nur neue Barrieren für die Tierwelt. Diese neuen Berge haben möglicherweise auch die Durchschnittshöhe der Kontinente derartig erhöht, dass die atmosphärischen Luftströmungen gestört wurden und sich die Regenzeiten verschoben. So wie heute trieb die Erdrotation das Wetter hauptsächlich aus westlicher Richtung vor sich her, wodurch auf der westlichen Seite der Kontinente mehr Regen fiel als auf der östlichen.

Zu Beginn des Pliozäns hatte sich der Großteil der Tiere so weit entwickelt, wie wir sie heutzutage kennen. Hirsche, Rinder, Katzen, Schweine, Hunde, Pferde, Elefanten und Nagetiere sahen nicht viel anders aus als ihre modernen Nachfahren. Der Grund lag wohl darin, dass sich durch die Entstehung ausgedehnter Graslandschaften eine Reihe stabiler Ökosysteme etablierte und sich die Geschwindigkeit der Evolution verlangsamte. Das kam besonders den Huftieren zugute, die schnell Mahlzähne und Wiederkäuermagen entwickelten, um das nur aus Gras bestehende Nahrungsangebot nutzen zu können.

Im mittleren Pliozän hatte sich die Erde in klar voneinander getrennte Klimazonen aufgeteilt, die von den gefrorenen Eiskappen über die feuchten gemäßigten Zonen bis hin zu den wärmeren Tropen reichten. In den meisten Regionen war es noch immer gleich bleibend warm, während sich Gebiete klimatischer Extreme wie die Tundra fast

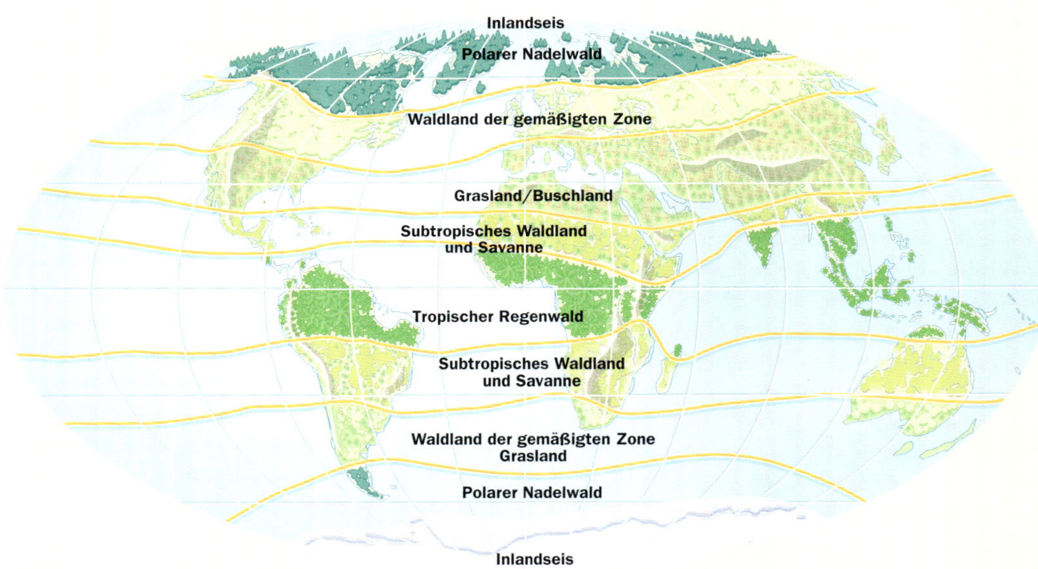

Offenes Land
Während des Miozäns nahmen die Kontinente ihre heutige Form an. Afrikas Vordringen nach Norden teilte schließlich das Tethys-Meer und ließ so das Mittelmeer entstehen. Südamerika war jedoch noch immer isoliert. Eis bedeckte beide Pole, was dazu führte, dass sich in den höheren Breiten Nadelwälder bildeten, während um den Äquator Regenwälder vorherrschten. Das Eis hat das Klima trockener gemacht, wodurch besonders in den gemäßigten Regionen ausgedehnte Graslandschaften entstanden.

ausschließlich in den nördlichen und südlichen Polargebieten fanden.

Miteinander verbundene Kontinente und ein milderes Klima ermöglichten es vielen Tieren, überall auf dem Globus zu leben. Die heutigen Tropentiere wie Hyänen, Löwen und Kamele lebten in Nordamerika, Europa, Afrika und Asien. Dort, wo sich heute in London der Trafalgar Square befindet, haben sich einst Flusspferde und Elefanten in einem warmen, sumpfigen Fluss gesuhlt.

Auch die Ozeane wurden durch die vermehrte Zirkulation des Wassers, das aus den Nord- und Südpolregionen kam, belebt. Das Plankton gedieh durch die Nährstoffe, die diese Ozeanströmungen mit sich führten. Von dem Plankton ernährten sich Fische, die wiederum anderen Tieren wie Haien als Nahrung dienten.

Insgesamt gesehen kann man das Pliozän bis zum Beginn der turbulenten Eiszeiten als recht »erfolgreiche« Periode bezeichnen. Den Tieren ging es in den offenen Graslandschaften gut, und unsere Vorfahren stiegen von den Bäumen herab, um die Steppen zu erkunden. Noch stand die Tierwelt im wahrsten Sinne des Wortes auf der Sonnenseite des Lebens, aber schon warfen die dunklen Tage des Pleistozäns ihre Schatten voraus.

Zeit der Wale
In den Ozeanen entwickelten sich die Wale zu riesigen, Plankton fressenden Formen wie auch zu den kleineren, gezahnten Delphinen.

Nicht immer Regen und Nebel
Ein Beweis dafür, wie gravierend sich das Klima mit Beginn der Eiszeiten geändert hat, ist der Fund von Flusspferdknochen, die man unter dem Trafalgar Square in London entdeckt hat.

Heimat, süße Heimat Ostafrika ist ein Paradies für die Tierwelt. Es ist zwar geologisch sehr aktiv, doch das Klima begünstigt eine Vielzahl von Tieren und Pflanzen. Zwischen den Vulkanbergen erstrecken sich Savannen, offene Waldlandschaften und dichte tropische Wälder. Die Vielfalt der Lebensräume spiegelt sich in der Vielfalt der Tierarten wider, die hier leben. Steppentiere wie Antilopen, Elefanten und Pferde leben ganz in der Nähe von Waldbewohnern wie Primaten, Fledermäusen und Schweinen.

Eines dieser Tiere hat eine einzigartige Fähigkeit entwickelt, um sich schneller zwischen den beiden Lebensräumen hin- und herbewegen zu können – der australopithecine Menschenaffe. Er fühlt sich auf den Bäumen, in denen er auf der Suche nach Früchten herumklettert, genauso wohl wie auf dem Boden, wo er nach Wurzeln gräbt. Im ganzen Gebiet verstreut leben *Australopithecus*-Gruppen. Es handelt sich um außerordentlich intelligente Tiere, die sich verschiedenen Situationen anpassen können und ein hoch entwickeltes Sozialverhalten an den Tag legen.

Der *Australopithecus* fühlt sich auf den Bäumen, in denen er auf der Suche nach Früchten herumklettert, genauso wohl wie auf dem Boden, wo er nach Wurzeln gräbt

Die Akazien-Gruppe hat sich vor etwa 15 Jahren gebildet, als sich eine größere Gemeinschaft im Norden aufspaltete und drei Männchen und vier Weibchen nach Süden zogen, fort von den dichten *Antrocaryon*-Wäldern, hin zu den offeneren Mahagoni- und Akazienwaldungen. Nach dem Tod des Weibchens ist nur noch ein Erwachsener aus der ursprünglichen Gruppe am Leben – Graubart, der in den letzten sieben Jahren das dominante Männchen gewesen ist. Außer ihm besteht die Gruppe aus drei Weibchen – Babble, Berry und Blackeye – und einem großen jungen Männchen, Bruiser.

Trotz des aufrechten Gangs eignen sich die Füße und Zehen des *Australopithecus* immer noch sehr gut zum Klettern, weshalb er zugleich im Wald und auf der Steppe existieren konnte.

Schöner Ausblick
Berry schaut auf ihre prächtige afrikanische Heimat im großen Senkungsgraben, ohne etwas von den Kräften zu wissen, die ihn geschaffen haben.

Kein Spaziergang

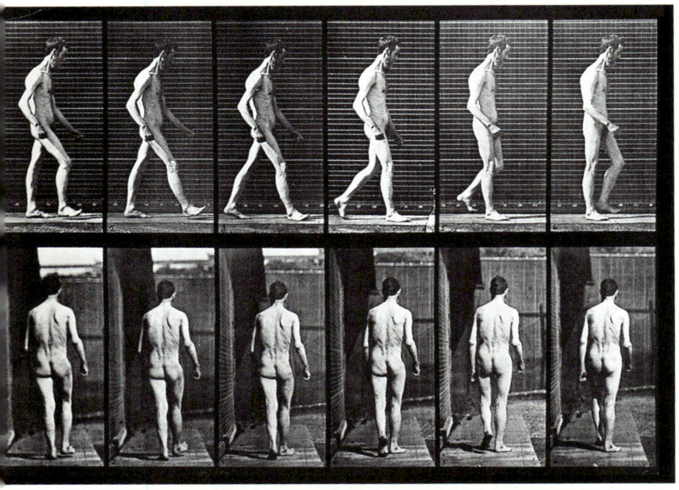

Aufrechter Gang
Auch wenn es viele Merkmale gibt, die den Menschen vom Affen unterscheiden – z. B. die Größe des Gehirns, das Fehlen von Fell –, scheint der bedeutsamste Unterschied, der uns auf einen anderen Evolutionsweg gebracht hat, der aufrechte Gang zu sein.

Dschungelmann
Untersuchungen zufolge haben die Orang-Utans eine eigene aufrechte Gangart entwickelt, um sich auf Ästen fortzubewegen. Daraus könnte sich unsere Art zu gehen entwickelt haben.

Als die Paläontologen den Oberschenkelknochen des berühmten *Australopithecus*-Fossils Lucy sahen (s. S. 176–177), wussten sie sogleich, dass es sich um ein Tier handelte, das auf den Hinterbeinen ging. Doch auch wenn sich alle einig waren, dass Lucy auf zwei Beinen gehen konnte, entstand eine heftige Kontroverse darüber, wie dieser Gang ausgesehen haben mochte. Wenn Schimpansen aufrecht gehen, sind ihre Schritte weniger fließend als die des Menschen. Stattdessen nehmen sie eine fast hockende Haltung ein, die Knie leicht gebeugt, den Oberkörper nach vorne geneigt.

Untersuchungen von Robin Crompton und seinem Team in Liverpool haben jedoch genauere Erkenntnisse geliefert. Durch die Beobachtung des Ganges verschiedener Affenarten und durch ein Computermodell von Lucys Skelett konnten sie beweisen, dass sie gar nicht in der Lage war, mit gebeugten Knien und geneigtem Oberkörper zu gehen.

Auch wenn sich Lucy wie ein moderner Mensch bewegt haben könnte, so scheint es für ein Tier mit ihren Proportionen eine dritte Art, auf zwei Beinen zu gehen, gegeben zu haben – und zwar jene, wie wir sie von den heutigen Orang-Utans kennen. Sie gehen auf zwei Beinen über Äste, wobei sie sich mit ihren langen Armen an anderen Ästen oder Zweigen festhalten, um so an die Früchte hoch oben in den Bäumen zu gelangen. Cromptons Team fand heraus, dass der Gang des Orang-Utans dem des Menschen viel ähnlicher ist als dem des Schimpansen, und Lucys Skelett lässt ebenfalls auf seine Fortbewegungsart schließen.

Die Forschungsergebnisse geben Anlass zu der Vermutung, dass der Gang auf zwei Beinen eine Anpassung an das Leben im Dschungel war. Als unsere Vorfahren über die Steppe schritten, setzten sie nur die Gangart fort, die sie auf den Bäumen entwickelt hatten. Daher sollten die Orang-Utans in der Entwicklungsgeschichte des Menschen lobende Erwähnung finden.

Babble und Berry haben Junge, und dann gibt es da noch den verwaisten Blue.

Die Beziehungen innerhalb der Gruppe sind äußerst heikel. Auch wenn Graubart noch alles unter Kontrolle zu haben scheint, weiß er doch, dass Bruiser nur darauf wartet, ihn herauszufordern. Es ist wichtig für ihn, dass ihn die Weibchen unterstützen, und der Tod von Blues Mutter, einer seiner treuesten Anhängerinnen, hat das Gleichgewicht innerhalb der Gruppe durcheinander gebracht. In den Tagen nach ihrem Tod zeigt Bruiser Zeichen von Aggression und die Spannungen wachsen.

Eines Nachmittags begeben sich die Menschenaffen an den Rand des Waldgebiets, um von Schakalbeerenbüschen zu fressen. Sie gehen alle auf zwei Beinen – ein weiteres einzigartiges Merkmal dieser Primaten. Mit dieser Gangart sind sie schneller als ihre auf den Knöcheln gehenden Verwandten, und da sie auf dem Boden leichter von Raubtieren gerissen werden können, ist das eine wichtige Fähigkeit.

Wie mittlerweile üblich, trifft Blue erst eine Weile später ein, und er hat Schwierigkeiten, an die Beeren zu kommen. Vor zwei Wochen hätte ihm noch seine Mutter geholfen, aber nun ist er allein und die anderen Australopithecinen beachten ihn nicht. Als er schließlich ein paar Beeren gepflückt hat, nimmt Berrys Junges sie ihm ab. Er wagt es jedoch nicht, sich zu wehren, da er weiß, dass Berry ihn sofort angreifen würde. Keines der Weibchen ist willens oder in der Lage, ein weiteres Kind zu adoptieren. Blue muss sich mit dem Erwachsenwerden beeilen.

In der offenen Savanne zerstört derweil eine Herde Deinotherien eine einsame Akazie. Diese altertümlichen Verwandten der Elefanten benutzen ihre nach unten gebogenen Stoßzähne, um die Borke vom Stamm zu reißen. Aber das reicht ihnen noch nicht. Schließlich setzen sie auch ihren massigen Körper ein und entwurzeln den Baum, damit sie an die oberen Regionen gelangen. Ohne die Aktivitäten der Deinotherien gäbe es weitaus mehr Bäume hier.

Deinotherium
Die Deinotherien waren riesige, wenig bekannte Verwandten der Elefanten, die zur Zeit des *Australopithecus* lebten. Die Stoßzähne der Elefantengruppe hatten stets verschiedene Formen und Größen, da sie für verschiedene Zwecke eingesetzt wurden. Abnutzungsspuren auf den nach unten gebogenen Stoßzähnen des *Deinotherium* lassen darauf schließen, dass sie wahrscheinlich zum Abreißen von Borke benutzt wurden.

NACHWEIS: Überreste des *Deinotherium* – vor allem Stoß- und andere Zähne – finden sich an allen größeren Ausgrabungsstätten Ostafrikas, wo Hominiden geborgen wurden, so in Hadar, Laetoli, der Olduvai-Schlucht und am Turkanasee.

GRÖSSE: Männchen 4 Meter, Weibchen 3,5 Meter Schulterhöhe.

NAHRUNG: Blätter und Borke.

ZEIT: Vor 20–1,5 Millionen Jahren.

Die Menschenaffen stören sich nicht an den Elefanten, während sie sich die Beeren in den Mund stopfen. Bruiser scheint seltsamerweise keinen Appetit zu haben. Er bricht einen Zweig ab und schleift ihn unter großem Geschrei über den Boden. Das ist eine Kampfansage an Graubart. Der ignoriert dieses aggressive Gehabe zunächst, aber die Weibchen werden zusehends nervös. Babble und ihr Kleines weichen ängstlich zurück, als Bruiser auf den Anführer zukommt. Es sieht so aus, als würde die Situation außer Kontrolle geraten, da stößt Graubart plötzlich einen Warnruf aus, schnappt sich einen Ast und schlägt damit auf die Erde. Dann macht er sich in den dichteren Wald auf und die Weibchen folgen ihm. Bruiser lässt seinen Zweig

Anders als bei den meisten anderen Elefantenarten wachsen die Stoßzähne des *Deinotherium* wie Hauer aus dem Unterkiefer. Mit diesem Werkzeug und seinem kurzen kräftigen Rüssel kann es Borke von den Bäumen reißen.

Afrikanischer Riese

Bei einer Größe von bis zu 4 Meter und einem Gewicht von etwa 6 Tonnen hat das *Deinotherium*-Männchen selbst im Afrika des Pliozäns keine natürlichen Feinde.

Ein steiler Zahn

Das bemerkenswerteste Merkmal der Elefanten sind sicherlich ihre Stoßzähne und im Laufe der Zeit hat diese Gruppe die unterschiedlichsten Formen entwickelt.

Ein Stoßzahn ist ein Schneidezahn, der während der gesamten Lebenszeit des Tieres wächst und schließlich die Form einer dicken, länglichen Röhre aus Elfenbein annimmt. Der Stoßzahn eines heutigen afrikanischen Elefantenbullen kann bis zu 3 Meter lang und 120 Kilogramm schwer werden. Doch verglichen mit den Stoßzähnen einiger seiner fossilen Vorfahren ist das nicht einmal viel. Die unpraktischsten hatte der ausgestorbene *Anancus* – seine Stoßzähne waren mit 4 Metern so lang wie sein Körper und ragten waagerecht aus seinem Maul hervor. Man nimmt an, dass er damit im Unterholz der Wälder nach Nahrung suchte. Der Preis für die imposantesten Stoßzähne geht eindeutig an das europäische Mammut. Sie waren spiralförmig gebogen und erreichten eine Länge von 5,5 Metern.

Auch wenn wir heute davon ausgehen, dass die Stoßzähne des Elefanten aus dem Oberkiefer ragen, war das nicht immer so. Es gibt zwei verschiedene Gruppen von Elefanten, bei denen sie aus dem Unterkiefer hervorwuchsen. Bei den Gomphoterien entwickelten sich riesige, spatenförmige untere Zähne, die weit über den Kiefer ragten und dem Tier das Aussehen eines Gabelstaplers verliehen. Diese Tiere lebten in Wassernähe und man nimmt an, dass sie mit ihren abgeflachten Zähnen Pflanzen aus dem Flussbett zogen. Ebenso bizarr erscheinen die Stoßzähne der Deinotherien, die kurz und scharf waren und wie Hauer nach unten gebogen aus dem Unterkiefer wuchsen. Niemand weiß genau, warum sie diese spezielle Form hatten.

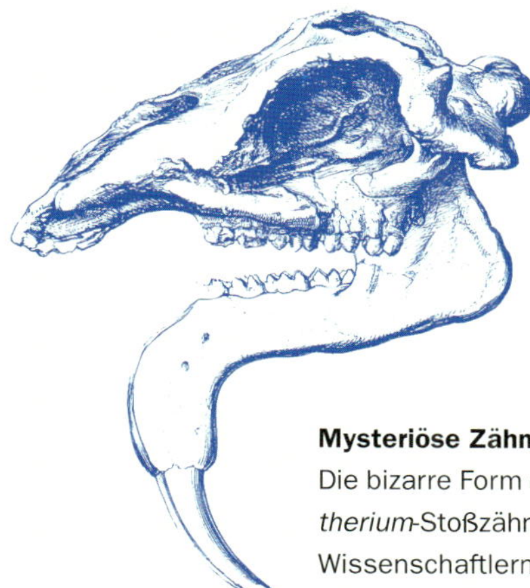

Mysteriöse Zähne
Die bizarre Form der *Deinotherium*-Stoßzähne hat den Wissenschaftlern große Rätsel aufgegeben.

Unnatürliche Selektion
1991 wurden 7 Tonnen beschlagnahmten Elfenbeins verbrannt. Durch den Handel mit Stoßzähnen waren die Elefanten vom Aussterben bedroht.

Ein eisiger Schatz
Seit der Handel mit den Stoßzähnen des Elefanten geächtet wird, ist das Mammut-Elfenbein aus dem Permafrost zur begehrten Ware geworden.

Heutzutage ist Elfenbein zur Handelsware geworden. In den 70er Jahren wurden so viele Elefanten wegen ihrer Stoßzähne getötet, dass sie vom Aussterben bedroht waren. Durch eine weltweite Ächtung ist es gelungen, dem Elfenbeinhandel Einhalt zu gebieten. Allerdings hatte dies einen unvorhergesehenen Nebeneffekt: Mittlerweile blüht der Handel mit den Millionen von fossilen Mammutstoßzähnen, die nach wie vor in Sibirien gefunden werden.

Jenseits von Afrika

Rassenbeziehungen
In evolutionärer Hinsicht sind die Unterschiede zwischen den Rassen unbedeutend, doch die soziale Bedeutung von Rasse hat dazu geführt, dass die Frage nach dem Ursprung heftig diskutiert wird.

Frühe Wanderer
Homo erectus war der erste Hominide, der seinen Mutterkontinent verließ und sich in der ganzen Welt verbreitete. Diese Fossilien stammen von dem in Asien entdeckten Peking-Menschen.

Charles Darwin vermutete als Erster, dass die Wiege der Menschheit in Afrika gestanden haben könnte, von wo aus der Mensch sich über den ganzen Erdball verbreitete. Da die afrikanischen Menschenaffen unsere nächsten lebenden Verwandten sind und der *Australopithecus*, unser Vorfahre, nur in Afrika entdeckt wurde, scheint es nahe liegend, dass unsere Ursprünge dort zu suchen sind. Allerdings diskutiert man seit geraumer Zeit darüber, wann genau wir unseren Mutterkontinent verlassen haben.

Fossilfunde haben ergeben, dass einer unserer Vorfahren, *Homo erectus*, Afrika vor ungefähr 1,5 Millionen Jahren verlassen und sich in verschiedenen Regionen der Welt niedergelassen hat. Einige Wissenschaftler, Anhänger der so genannten multiregionalen Hypothese, waren der Meinung, dass sich der *Homo erectus* daraufhin in Asien, Europa, Australasien usw. jeweils eigenständig zum *Homo sapiens* entwickelt hat. Die umstrittene Schlussfolgerung aus dieser These besteht darin, dass somit die heutigen menschlichen Rassen – Chinesen, Weiße, Afrikaner usw. – viel unterschiedlicher sind, als wir zunächst annahmen.

Eine neuere Theorie besagt jedoch, dass sich der *Homo sapiens* erst vor etwa 150.000 Jahren in Afrika entwickelt hat und für eine zweite Auswanderungswelle verantwortlich war, während im Laufe der Zeit der *Homo erectus* verdrängt wurde. Nach dieser genannten »Jenseits von Afrika«-Theorie sind folglich die verschiedenen Rassen weitaus näher miteinander verwandt.

Fossilfunde halfen bei der Lösung dieser Frage nicht viel weiter, doch dann erhielten die Anhänger der zweiten Theorie Unterstützung von einer anderen Disziplin – der Genforschung. Nachdem Wissenschaftler DNS-Stränge des Y-Chromosoms und der Mitochondrien analysiert hatten, ließen die Ergebnisse vermuten, dass alle Menschen, die heute auf der Erde leben, von einer Gruppe abstammen, die in Afrika lebte, und zwar vor nur etwa 150.000 Jahren. Doch auch diese These ist angezweifelt worden. Das heikle Thema des physischen Ursprungs der Rassen wird auch in der Zukunft zu wissenschaftlichen Debatten führen.

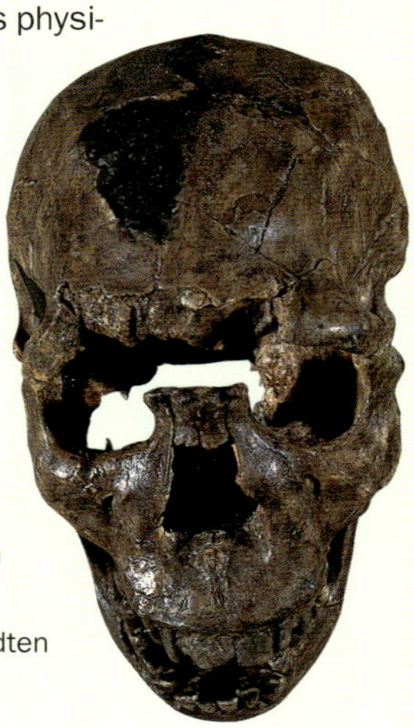

Die wichtigste Frage
Handelt es sich um einen direkten Vorfahren oder einen entfernten Verwandten des Menschen?

fallen und schließt sich ihnen an. Das Schlusslicht bildet Blue, der noch schnell ein paar Beeren aufliest.

Zwei Tage später nimmt die Gruppe in der Nähe eines Wasserfalls Nahrung auf. Babble bringt ihrer Tochter die besonderen Vorzüge des Akaziensafts nahe. Blue sitzt in der Nähe, aber er ist vom Unterricht ausgeschlossen. Es geht ihm nicht gut; er leidet unter Durchfall. Wenn seine Mutter noch leben würde, hätte sie ihm gezeigt, dass er jetzt Myrtezweige essen müsste. Es ist von lebenswichtiger Bedeutung für ihn, soziale Bindungen mit der Gruppe zu knüpfen.

Bruiser klettert derweil auf einem Baum herum. Plötzlich springt er brüllend hinab und baut sich vor Graubart auf. Dieser erhebt sich und die beiden Männchen werfen sich in die Brust und beginnen einander zu schubsen. Die anderen schreien aufgeregt angesichts dieses Ausbruchs von Gewalt. Bruiser bricht einen Ast ab, aber in diesem Augenblick stürzt sich Graubart auf ihn und versetzt ihm einen heftigen Schlag auf den Kopf. Während Bruiser benommen schwankt, läuft der Alte zum Ufer des Flusses und deckt seinen Gegner mit einem Hagel aus Kieseln und Steinen ein. Ganz offensichtlich hat er keine Lust, dem anderen seine Position kampflos zu überlassen.

Die beiden Männchen werfen sich in die Brust und beginnen einander zu schubsen. Die anderen schreien aufgeregt angesichts dieses Ausbruchs von Gewalt

Im Gefühl des Triumphes paart sich Graubart mit Blackeye, doch dann geschieht etwas Unerwartetes: Babble gesellt sich zu Bruiser und putzt ihn. Der Herausforderer wurde angezählt, aber er ist nicht k. o.

Ein Umzug steht an Die Früchte eines Feigenbaums haben die Akazien-Gruppe bis an den nördlichen Rand ihres Territoriums gelockt. Während Graubart und Blackeye auf den Ästen herumklettern und die Früchte pflücken, hocken die anderen auf dem Boden und tun sich an den hinunterfallenden Feigen gütlich. Blue sitzt neben Babble und streckt hungrig die Hände aus. *Australopithecus*-Mütter sorgen für ihre Kinder, bis sie fünf Jahre alt sind. Blue ist erst vier, doch Babble beachtet ihn gar nicht.

Der Baum steht an einem Fluss, der in die offene Savanne hinausfließt. Hier leben Riesenotter, die *Australopithecus*-Junge angreifen und auch töten können. Diese Gefahr lauert heute nicht, aber dafür taucht eine viel größere Bedrohung auf: Am anderen Ufer erscheinen sechs *Australopithecus*-Männchen. Graubart springt sofort vom Baum, bleckt die Zähne und rudert mit den Armen. Die Fremden wollen die Akazien-Gruppe vertreiben, vielleicht sogar töten. Graubart und die anderen müssen sich der Herausforderung stellen, wenn sie in ihrem Territorium bleiben wollen. Nach dem Austausch einiger Drohgebärden greift Graubart schließlich an und pflügt durch das seichte Wasser. Seine Größe beeindruckt die anderen so sehr, dass sich vier sogleich in die Büsche schlagen. Die anderen beiden weichen jedoch nicht zurück und kurz bevor es zu direktem Kontakt kommt, bleibt Graubart stehen. In dieser Situation kehren die vier plötzlich zurück und er sieht sich von sechs Gegnern umgeben. Sie stürzen sich auf ihn und er muss zahlreiche Schläge einstecken, bevor er wieder ans andere Ufer flüchtet.

Die Akazien-Gruppe ist in hellem Aufruhr. Die Weibchen packen ihre Kinder und fliehen. Bruiser flüchtet mit ihnen, ohne sich um Graubart zu kümmern. In all dem Chaos achtet niemand auf Blue. Er hat Glück, dass ihn die Angreifer nicht bemerken, sonst würden sie ihn wahrscheinlich töten und fressen. Aber mit jedem Schritt, mit dem sich die Gruppe entfernt, sinken seine Überlebenschancen. Er kann sich noch immer nicht selbst ernähren und wäre ein netter Happen für einen Leoparden.

Gebietskonflikte
Graubart und die anderen werden von einer größeren Gruppe bedroht. Solche Auseinandersetzungen finden oft statt, da jedoch die Akazien-Gruppe in der Unterzahl ist, sieht es schlecht für sie aus.

Die Letzten ihrer Art
Einst wiesen die weit verbreiteten Chalicotherien eine große Artenvielfalt auf, aber nun ist das *Ancylotherium* eine der letzten Arten einer aussterbenden Gruppe.

Viele der früheren *Chalicotherium*-Arten gingen auf den Knöcheln, um ihre großen Krallen zu stützen. Das *Ancylotherium* besitzt dagegen hufartige Füße.

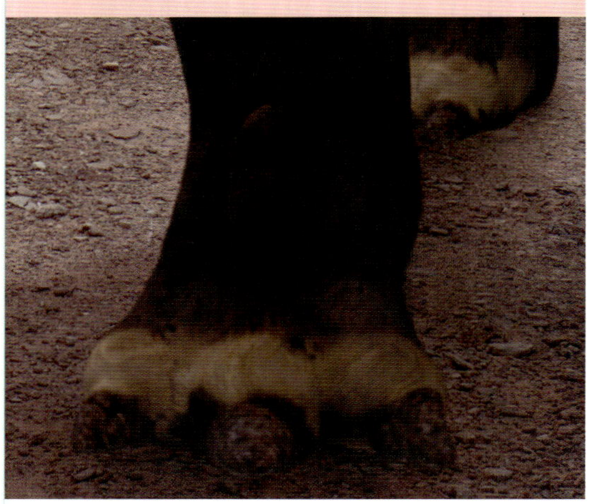

Unterwegs Mit nur zwei erwachsenen Männchen hat die Akazien-Gruppe kaum eine Chance, ihr Territorium zu verteidigen. Die offene Steppe, auf der sie sich nun wiederfindet, ist äußerst gefährlich für sie. Im Grunde sind sie Waldbewohner, wo ihnen die Bäume Nahrung und Schutz vor Angreifern bieten. Graubart führt sie sogleich in ein anderes Waldstück. Dabei überquert die Gruppe ein offenes Feld aus vulkanischer Asche. Auf der Suche nach einem neuen eigenen Gebiet sehen sie sich jedoch zunächst mit einem anderen Problem konfrontiert: Sie sind durstig und müssen Wasser finden.

Da taucht plötzlich ein ganzes Stück hinter der Gruppe eine kleine Gestalt auf. Blue hat es irgendwie geschafft, Anschluss an die anderen zu finden, nachdem sie vor ihren Angreifern geflüchtet waren. Graubart bringt sie zu einem Wasserloch auf der anderen Seite des Aschefelds. Dort hat sich bereits eine Herde sanfter Ancylotherien zum Trinken niedergelassen, die sich von der Ankunft der Menschenaffen nicht stören lässt. In ausgewachsenem Zustand sind diese Tiere über 2 Meter groß und wiegen etwa eine halbe Tonne. Daher haben sie keinen Grund, sich vor den Neuankömmlingen zu fürchten. Sie gehören zu den Letzten einer Gruppe von Tieren namens Chalicotherien, unter denen es einige riesige Knöchelgeher gab. Ancylotherien ernähren sich von niedrig hängenden Blättern. Die Australopithecinen trinken neben der Herde, während die beiden Kleinen am Rand des Wasserlochs spielen. Die Primaten trinken auf verschiedene Weise. Einige neigen sich zur Oberfläche, andere schöpfen das Wasser mit den Händen aus dem Loch. Babble wiederum sammelt Zweige, die sie in das Wasser taucht, um das kühle Nass anschließend wie aus einem Schwamm zu saugen.

Sie ist die Erste, die das *Deinotherium* bemerkt, das auf sie zukommt. Sein Geruch und die triefenden Schläfendrüsen verraten, dass es sich in der Brunst befindet – ein Zustand erhitzter Erregtheit, der seine Paarungsbereitschaft signalisiert. In diesem Zustand sollte man ihm besser nicht zu nahe kommen. Die Ancylotherien gehen einfach zur Seite, während es die Men-

Ancylotherium
Als einer der letzten überlebenden Chalicotherien war das *Ancylotherium* ein Verwandter der bizarren Knöchelgeher, die wir in Kapitel 3 kennen gelernt haben. Sein Körperbau glich eher dem einer großen Ziege, sodass es wie seine Vorfahren in Europa, Asien und Nordamerika in den afrikanischen Ebenen von Bäumen hängende Blätter fressen konnte.
NACHWEIS: Überreste des *Ancylotherium* sind an vielen der berühmten Fossilfundorten in Ost- und Südafrika gefunden worden, so in Laetoli, Olduvai und Omo.
GRÖSSE: 2 Meter Schulterhöhe.
NAHRUNG: Blätter, Knospen, Zweige.
ZEIT: Vor 6,5–2 Millionen Jahren.

Auf der Hut (FOLGENDE DOPPELSEITE)
Wasserlöcher sind für den *Australopithecus* eine wichtige Nahrungsquelle, doch in der offenen Steppe wird er sowohl von Raubtieren als auch aggressiven Pflanzenfressern wie dem *Deinotherium* bedroht.

Rette sich, wer kann
Von Hormonen gepuscht, kann ein *Deinotherium*-Bulle so aggressiv werden, dass er auch harmlose Wesen angreift.

schenaffen vorziehen, zu einer Baumgruppe auf der anderen Seite des Wasserlochs zu fliehen. Nur Babbles Junges bleibt sitzen. Das *Deinotherium* nähert sich rasch. Die Mutter ruft nach ihrem Kind, aber das Kleine ist zu verwirrt und ängstlich, um zu reagieren. Während die Gruppe eilig einen Baum erklettert, bleibt Babble unschlüssig stehen. Sie will ihr Junges nicht im Stich lassen, aber zugleich fürchtet sie sich zu sehr vor dem unberechenbaren Bullen, um zum Wasserloch zurückzukehren und es zu holen.

Immerhin lenkt ihr Gekreisch das *Deinotherium* so sehr ab, dass es sich ohne zu trinken dem Baum zuwendet, auf dem die Primaten hocken. Das Kleine scheint in Sicherheit, aber dafür ist nun der Rest der Gruppe bedroht. Als sich das *Deinotherium* nähert, schwingt sich auch Babble auf einen Ast. Der Bulle steht laut trompetend vor dem riesigen Baum, schüttelt den Kopf und hebt die speicheltriefenden Stoßzähne. Dann rammt er den Baum mit dem Kopf. Auch wenn er ihn nicht entwurzeln kann, so wird es doch Zeit für die Gruppe, sich endgültig davonzumachen. Die Bäume stehen hier nicht sehr dicht beieinander, aber sie bewegen sich behände über die Äste, springen hinab und rennen zum nächsten Baum, um dem Bullen zu entgehen. Nur Babble bleibt zurück. Sie schlägt einen Bogen um das Wasserloch und läuft zu ihrem Kleinen, um es in Sicherheit zu bringen. Als sie in die Wälder flieht, hebt das *Deinotherium* kurz den Kopf, aber dann fährt es fort, den Baum zu rammen, auf dem sich mittlerweile niemand mehr befindet.

Blue hinkt wie üblich hinterher, aber er hat sich die ganze Sache aus sicherer Entfernung angesehen und auch etwas getrunken. Neben ihm liegt ein Haufen *Deinotherium*-Kot. Er schnüffelt daran und frisst davon. Das ist nichts Absonderliches, vielleicht hat es ihm sogar noch seine Mutter beigebracht. Auch nachdem das Verdauungssystem des *Deinotherium* den Kot ausgeschieden hat, enthält er noch Nährstoffe für die Menschenaffen. Doch als Blue sieht, wie die Gruppe in den Wäldern verschwindet, hört er auf zu fressen und läuft um die Wasserstelle herum, um ihr zu folgen.

Keine sichere Zuflucht
Das *Deinotherium* ist in der Lage, Bäume umzustoßen, wenn es an die Blätter herankommen will. So sind die Primaten selbst auf den obersten Ästen ihres Zufluchtsortes in höchster Gefahr.

In der Dämmerung macht die Gruppe Rast und beginnt Nester zu bauen. In dicht bewaldeten Gebieten können diese Bauten recht aufwändig sein, aber in dieser Gegend bleiben sie eher von schlichter Form. Das Nest eines Menschenaffen ist seine Burg und keiner, egal welchen Platz er in der Rangordnung einnimmt, darf den Schlaf eines anderen stören. Blue muss noch eine Menge über den Nestbau lernen. Zwar hat ihn seine Mutter in die Grundlagen eingewiesen, doch er stellt sich noch recht ungeschickt an.

Während er um sich herum Zweige hinunterzieht, um eine einigermaßen stabile Plattform zu schaffen, wird seine Aufmerksamkeit auf Babbles Junges gelenkt, das auf einem Ast sitzt und spielt. Er gesellt sich zu ihm und beobachtet es. Das Kleine beginnt einen spielerischen Ringkampf mit ihm, ein wichtiger Augenblick für das Waisenkind. Seit dem Tod seiner Mutter ist es das erste Mal, dass ihn ein Mitglied der Gruppe zu akzeptieren scheint. Leider geht sein Temperament mit ihm durch und er wird etwas zu grob zu dem Kleinen, das plötzlich aufschreit. Sofort ist Babble zur Stelle, die Blue packt und ihn schlagen will. Mit einem Mal ist die ganze Gruppe in Aufruhr. Zum Glück schreitet Bruiser ein und hält Babble zurück, bevor sie Blue wirklich wehtun kann. Dieser flüchtet zu seinem Nest. Auch wenn das Spiel in Ernst umgeschlagen ist, hat ihn die Konfrontation weitergebracht. Sowohl Babbles Kind als auch Bruiser scheinen ihn als Mitglied der Gruppe anzunehmen. Es wird auch höchste Zeit für Blue, denn er sieht recht schmächtig aus und ist längst nicht so groß, wie er es für sein Alter sein müsste.

> Kein Menschenaffe, egal welchen Platz er in der Rangordnung einnimmt, darf den Schlaf eines anderen stören

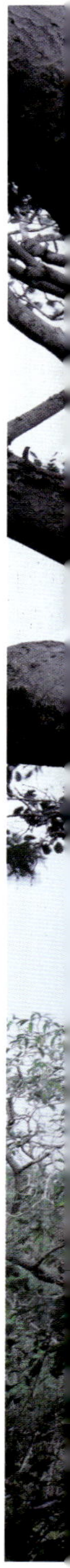

Traum-Zeit
Jeden Abend zieht sich die Gruppe auf einen Baum zurück und baut Nester für die Nacht. Auf dem Boden zu schlafen wäre zu gefährlich.

Dinofelis
Eine der großen Säbelzahnkatzen, deren verschiedene Arten in Nordamerika, Europa, Asien und auch Afrika verbreitet waren. Ihr Körperbau ähnelte dem des heutigen Jaguars. Die Vorderbeine waren besonders kräftig, was darauf schließen lässt, dass sie ihr Opfer aus dem Hinterhalt überfiel und es mit den Vorderpfoten auf den Boden drückte, um es dann mit einem Biss zu töten.
NACHWEIS: *Dinofelis* ist relativ selten, doch Überreste wurden zusammen mit Hominiden-Fundstellen entdeckt.
GRÖSSE: 1 Meter Schulterhöhe.
NAHRUNG: Antilopen, Paviane und Australopithecinen.
ZEIT: Vor 5–1,4 Millionen Jahren.

Neue Weidegründe Die Tage vergehen, und auch wenn die Akazien-Gruppe keine große Strecke zurücklegt, dauert es weitere zwei Wochen, bis sie ein neues Territorium findet. Dreißig Kilometer südlich ihrer alten Heimat entdecken sie ein Gebiet, das vorwiegend von Mahagonibäumen bewachsen ist. Sie eignen sich vorzüglich zum Nestbau und liefern außerdem köstliche Früchte. Andere *Australipithecus*-Gruppen scheinen sich nicht in der Nähe aufzuhalten, sodass es ihnen hier durchaus gut gehen könnte.

Eines Tages finden Graubart und die Weibchen einen Sternstrauch. Seine weichen Früchte sind bei den Affen besonders beliebt und alle kommen herbei, um sie zu pflücken. Ganz in der Nähe befinden sich die Bauten einer Mungo-Kolonie und während die Gruppe frisst, kehrt eine Jagdgesellschaft zurück. Die Mungos tollen um die Australopithecinen herum, rollen sich auf dem Boden und begrüßen einander, ohne sich um die Menschenaffen zu kümmern. Schließlich verschwinden sie in ihren Höhlen, während fünf oder sechs auf Wachtposten zurückbleiben.

Da taucht Bruiser mit einem Straußenei im Arm auf. Zunächst schreit er leise und rollt das Ei über den Boden, dann hüpft er um es herum, um die Aufmerksamkeit der anderen zu erregen. Graubart ignoriert ihn geflissentlich, aber die anderen sind neugierig geworden, besonders Babble. Sie ist die Erste, die an dem Ei schnüffelt. Nachdem er eine Weile angegeben hat, holt Bruiser einen Stein. Er schlägt einige Male auf die Schale, bis ein kleines Loch entstanden ist. Dann steckt er einen Finger hinein, um das Eigelb herauszuholen. Babble und Berry lassen ihre Früchte fallen und bekommen auch etwas Eigelb ab.

Nun wird Graubart allmählich wütend. Er hebt einen Ast auf und umkreist die Stelle, wo Bruiser und die anderen schlemmen. Plötzlich kreischen die Mungos auf und flitzen in ihre Erdlöcher, aber nicht, weil sie einen Kampf zwischen den beiden Menschenaffen fürchten. Diese wiederum sind zu sehr mit sich selbst beschäftigt, um die Warnrufe zu registrieren. Blackeye

Das ausdrucksfähige Gesicht der Primaten ist das wichtigste Kommunikationsmittel innerhalb der Gruppe. So dient der Ausdruck des Schreckens als Warnsignal für die anderen, die ein großes Raubtier nicht bemerkt haben.

Augenblicke der Angst
Da der *Dinofelis* auch auf Bäume klettern kann, sind die Australopithecinen nur so lange in Sicherheit, wie sie den Räuber daran hindern können, auf die oberen Äste zu gelangen.

Katzenfutter
Die ausgestorbene Säbelzahnkatze *Dinofelis* ähnelte dem heutigen Leoparden, war jedoch größer und hatte keine Mühe, einen *Australopithecus* zu töten.

Der Menschenjäger

Auch wenn die Säbelzahnkatze *Dinofelis* nicht die eindrucksvollen Reißzähne einiger ihrer Verwandten besaß, dürfte sie dennoch der schlimmste Albtraum unserer Vorfahren gewesen sein. 1925 wurden die ersten Fossilien des *Australopithecus* in Höhlen gefunden, in denen auch die Überreste häufiger Tiere lagen, die einem gewaltsamen Tod zum Opfer gefallen waren. Im Hinblick auf die moderneren Jäger-und-Sammler-Gesellschaften nannte der Entdecker der Knochen, Raymond Dart, unsere Vorfahren »Killer-Menschenaffen«. Der *Australopithecus* scheint sich nicht nur in körperlicher Hinsicht von den anderen Menschenaffen unterschieden zu haben – er entwickelte auch menschlichen Jagdverstand. In den 70er Jahren geriet diese These jedoch ins Wanken. Als der Forscher Charles Brain Ansammlungen hominider und anderer Überreste in Höhlen untersuchte, fand er heraus, dass es sich hauptsächlich um die Knochen von Pavianen und Australopithecinen handelte sowie um einige wenige Knochen von Großkatzen. Dann machte er einen erstaunlichen Fund – den Schädel eines *Australopithecus*-Kindes, der deutlich sichtbare Bissspuren eines Leoparden aufwies. Brain folgerte daraus, dass der *Australopithecus* keineswegs der »Killer-Menschenaffe«, sondern das Opfer war.

Da sich so viele Primatenknochen fanden, nahm man an, dass sich die Großkatzen offenbar auf die Menschenjagd spezialisiert hatten. Die Spuren auf dem Schädel des Kindes waren einem Leoparden zuzuschreiben, aber einige der Knochen stammten von Tieren, die zu groß waren, als dass ein Leopard sie hätte töten können. Es gab nur eine Großkatze, die diese Taten begangen haben konnte – *Dinofelis*. Eigentlich war der *Australopithecus* für diesen Räuber eine kleine Beute, aber es mag sein, dass er Geschmack an Hominiden-Fleisch gefunden hatte.

Einige Knochen stammten von Tieren, die zu groß waren, als dass ein Leopard sie hätte töten können. Es gab nur eine Großkatze, die die Taten begangen haben konnte – *Dinofelis*

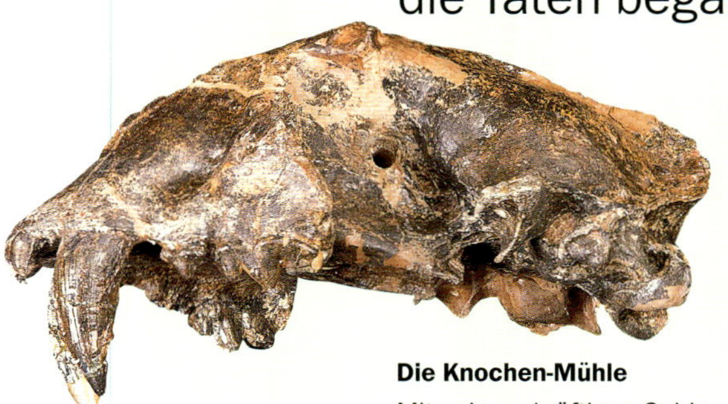

Die Knochen-Mühle
Mit seinem kräftigen Gebiss konnte der *Dinofelis* problemlos einen Hominiden-Schädel zermalmen.

Zahnspuren
Zwei Abdrücke auf dem Schädel dieses *Australopithecus* entsprechen genau den Reißzähnen eines Leoparden.

sitzt allein neben dem Sternbusch, als ein Furcht erregendes Wesen mit blassem Fell auf sie zustürmt. Sie hat keine Chance.

Die Säbelzahnkatze, *Dinofelis*, greift ihre Beute gerne aus dem Hinterhalt an. Sie hat kräftige Vorderbeine und einen tödlichen Biss. Blackeye kann kaum aufschreien, als sie auch schon zu Boden gerissen und niedergedrückt wird. Beim Angriff auf ein großes *Ancylotherium* hätte die Katze die Kehle als Angriffspunkt gewählt. Dem Menschenaffen zermalmt sie mit einem einzigen Biss den Schädel. Bevor der Rest der Gruppe überhaupt Zeit hat zu reagieren, ist alles vorbei. Die vier Menschenaffen schreien gleichzeitig auf und versuchen auf den nächsten Baum zu flüchten. Vor Angst und Schrecken kreischend hetzen sie über die Äste. Der *Dinofelis* packt Blackeye am Nacken und zerrt sie unter den Augen ihrer entsetzten Gefährten davon.

> Der *Dinofelis* greift in der Regel größere Tiere an, doch wenn ihn der Menschenaffe auf den Geschmack gebracht hat, ist die Gruppe in Schwierigkeiten

Die Großkatzen sind die größten Feinde des *Australopithecus*, besonders kleinere Arten wie der Leopard, der bei der Verfolgung seiner Beute sogar auf Bäume klettern kann. Der *Dinofelis* greift in der Regel größere Tiere an, doch wenn ihn dieser Menschenaffe auf den Geschmack gebracht hat, ist die Gruppe in Schwierigkeiten. Die Säbelzahnkatze zieht Blackeye zu einem Mahagonibaum, dessen Äste über eine tiefe Doline ragen. Dank seiner ungeheuer starken Bein- und Halsmuskulatur gelingt es ihm, den Menschenaffen auf einen der unteren Äste zu ziehen. Der *Dinofelis* weiß, dass der Geruch seines Opfers Konkurrenten, insbesondere Hyänen, anlocken wird. Dann kann es passieren, dass er trotz seiner Größe und Kraft von mehreren Tieren in die Flucht geschlagen wird und ihnen seine Beute überlassen muss. Auf dem Baum dagegen kann er sich in Ruhe an dem Kadaver satt essen.

Alles ist im Fluss Seit dem Angriff des *Dinofelis* sind einige Tage vergangen. Die Primaten sitzen auf niedrigen Ästen und widmen sich der gegenseitigen Körperpflege. Blue putzt Graubart und sucht voller Konzentration die Nackenhaare des Älteren ab. Das ist ein enormer Schritt nach vorne für ihn – es bedeutet, dass er allmählich seine Stellung innerhalb der Gruppe findet.

Blackeyes Tod hat die Gruppe hart getroffen, besonders Graubart. Sie war ihm loyal ergeben und nun, da sie nicht mehr da ist, scheint sein ohnehin geschwächter Machtanspruch mehr denn je bedroht. Bruiser beobachtet ihn aus kurzer Distanz. Noch mehr Sorgen macht dem Alten jedoch, dass dieser von Babble geputzt wird.

Als sei das für Graubart nicht schon schwierig genug, taucht plötzlich ein *Australopithecus*-Weibchen auf und klettert auf einen nahe gelegenen

Der Thronerbe
Bruiser ist ein ausgewachsenes *Australopithecus*-Männchen. Da es keine anderen Anwärter gibt, ist es nur eine Frage der Zeit, bis er Graubarts Erbe antritt.

Eine von uns?
Gerade erwachsene Weibchen bewegen sich zwischen verschiedenen Gruppen. Während die Männchen die Neuankömmlinge in der Regel sehr schnell akzeptieren, kann es sehr lange dauern, bis sie sich mit den anderen Weibchen arrangiert haben.

Unsere weibliche Seite

Männliche Dominanz
Jane Goodalls Forschungsarbeit hat gezeigt, dass Schimpansen männlich dominierte Gesellschaften bilden, in denen Gewalt, Mord und sogar Krieg an der Tagesordnung sind.

Scharfe Affen
Bei den Bonobos sind die Weibchen dominant. Sie setzen Sex statt Aggression ein, um soziale Hierarchien zu festigen.

Die Paläontologen untersuchen das Verhalten der heutigen Tiere, um Hinweise auf das Verhalten der ausgestorbenen zu finden. Das gilt auch für die Erforschung unserer Vorfahren. Als Jane Goodalls Erforschung wild lebender Schimpansen zunehmend Aufschluss über deren soziale Strukturen und Verhaltensweisen brachten, schien es, als spiegelte sich unser eigenes Leben weitaus mehr in dem der Affen, als man bis dahin vermutet hatte. Zwangsläufig wurden Schlussfolgerungen gezogen hinsichtlich des »natürlichen Zustands des Menschen« und dessen, wie unsere Vorfahren gelebt haben mochten. Schimpansen sind keineswegs die friedlichen Pflanzenfresser, für die man sie einst hielt. In der von Jane Goodall untersuchten Gruppe erwiesen sich die Männchen zeitweise als extrem gewalttätig. Die Parallelen waren schnell gezogen – Männer üben eine »natürliche Dominanz« über Frauen aus, und unsere Vorfahren waren geborene Killer.

Die Schimpansen haben allerdings noch einen anderen nahen Verwandten – den Bonobo, der ein völlig anderes Verhalten aufweist. Die Bonobos verfügen zwar über die gleiche Sozialstruktur wie die Schimpansen, doch bei ihnen dominieren die Weibchen die Männchen, und obwohl die Männchen in der Regel größer und stärker sind, würden sie die Weibchen niemals provozieren oder gar angreifen. Wahrscheinlich war es die Einstellung zum Sex, die manche Wissenschaftler so schockierend fanden. Bonobos paaren sich nicht nur wie die Menschen von Angesicht zu Angesicht, sondern praktizieren den Geschlechtsverkehr auch in allen erdenklichen Stellungen und mit ständig wechselnden Partnern. Er dient ihnen nicht nur zur Fortpflanzung und Befriedigung der Triebe: Sex baut Aggressionen innerhalb der Gruppe ab, mit Sex werden Bindungen besiegelt oder bestätigt und er ist schlicht ein Zeichen der Zuneigung.

Bonobos und Schimpansen stehen im gleichen verwandtschaftlichen Verhältnis zu uns, verfügen jedoch über völlig andere Sozialstrukturen. Dies zeigt, wie schwierig es ist, das Verhalten unserer Vorfahren zu erforschen.

Baum. Sie macht keinen Versuch, sich weiter zu nähern, dennoch ist klar, dass sie sich der Gruppe anschließen möchte. Ein ganz normaler Vorgang – wenn Weibchen geschlechtsreif sind, wechseln sie oft die Gruppe, wodurch genetische Vielfalt garantiert und Inzucht verhindert wird. Die Gruppe tut so, als wäre sie gar nicht da, aber insgeheim beobachtet sie den Neuankömmling genau. Schon bald steigt Graubart von seinem Baum herab und nähert sich ihr, um sie genauer unter die Lupe zu nehmen. Wie alle Weibchen, die sich zwischen verschiedenen Gruppen bewegen, ist auch sie gerade geschlechtsreif geworden und sehr unterwürfig. Graubart paart sich mit ihr, was allerdings nicht heißt, dass sie damit akzeptiert ist. Zunächst muss sie sich mit den Weibchen der Gruppe arrangieren, bevor sie mit ihnen auf Nahrungssuche gehen und am Putzzeremoniell teilnehmen kann.

Wenn Weibchen geschlechtsreif sind, wechseln sie oft die Gruppe, wodurch genetische Vielfalt garantiert und Inzucht verhindert wird

Als die Gruppe am späten Nachmittag durch den Wald streift, stößt sie auf den Kadaver eines vor kurzem getöteten *Ancylotherium*. Wahrscheinlich war ein *Dinofelis* der Übeltäter. Schon streiten sich Geier und Füchse um das, was die Großkatze übrig gelassen hat. Auch Australopithecinen fressen Aas, aber sie sind sehr vorsichtig – wenn das Beutetier schon längere Zeit tot ist, rühren sie es nicht an, wahrscheinlich weil sie um die Gefahr einer Vergiftung wissen. In diesem Fall entschließt sich Graubart jedoch, sich den Kadaver näher anzusehen. Er ergreift einen Ast und jagt die Aasfresser davon. Bruiser nutzt die Gelegenheit und paart sich ebenfalls mit dem neuen Weibchen. Er tut das ganz offen, womit der Akt zu einer Herausforderung von Graubart wird.

Der kommt auch sogleich zur Gruppe zurück und brüllt Bruiser an. Die Weibchen weichen zurück, doch Bruiser stellt sich dem Anführer. Beide richten sich zu voller Größe auf und stoßen mit der Brust aneinander. Unter dem Gekreisch der Gruppe löst sich Bruiser, erklettert einen Baum und rüttelt wütend an den Ästen. Der Ältere wirft mit Steinen nach ihm. Dieses Mal scheint es nicht, als würde einer der beiden Widersacher schnell aufgeben. Bei all seinem Mut weiß Graubart, dass Bruiser der Jüngere, Größere und Stärkere ist. Plötzlich springt Bruiser vom Baum herab, stürzt sich auf Graubart und schlägt ihn zu Boden. Der Ältere hat Mühe, sich wieder aufzurichten, und als er endlich wieder steht, scheut er sich, Bruiser erneut zu attackieren. Zum ersten Mal seit sieben Jahren spürt er den bitteren Geschmack der Niederlage. Das Ende einer Ära ist gekommen und Graubart muss sich damit abfinden, dass Bruiser die Gruppe übernommen hat.

Das letzte Duell
Bruiser erhebt sich endgültig gegen Graubart und besiegt den Anführer der Gruppe in einem kurzen, aber heftigen Kampf. Nun ist er das dominante Männchen.

Sicherheit im Heim Am nächsten Tag paart sich Bruiser erneut mit dem neuen Weibchen. Auch wenn es noch Wochen dauern wird, bis die anderen Weibchen sie völlig akzeptiert haben, das dominante Männchen brauchte keine Anlaufzeit. Es ist früh am Morgen und da die Mahagonibäume keine Früchte mehr tragen, begibt sich die Gruppe auf offeneres Gebiet, um nach Korkholzwurzeln zu graben. Australopithecinen sind ausgesprochen vielseitig, was die Nahrungsaufnahme betrifft. Das liegt hauptsächlich an ihrem Gebiss. Zwar verfügen sie nicht mehr über die langen Eckzähne, wie etwa Paviane sie haben, doch dafür hat sich bei ihnen ein dickerer Zahnschmelz entwickelt, der es ihnen ermöglicht, härtere Kost zu verspeisen. Sie müssen sich also nicht mit Früchten, Blättern und Blüten begnügen, sondern können auch nahrhafte Wurzeln und Knollen vertilgen. Die meisten anderen Tiere, die sich auf in der Erde verborgene Nahrung spezialisiert haben, besitzen für das Graben besonders geeignete Gliedmaßen. Hände und Arme des *Australopithecus* scheinen eher ungeeignet, da sie dazu dienen, sich auf Bäumen zu bewegen. Ein weiteres Merkmal ihrer Vielseitigkeit besteht jedoch darin, dass sie gelernt haben, Steine und Stöcke als Werkzeuge zu benutzen.

Ein weiteres Merkmal ihrer Vielseitigkeit besteht darin, dass sie Steine und Stöcke als Werkzeuge benutzen

Blue beobachtet Babble, die gerade mit einem spitzen Stock das Erdreich aufwühlt. Immer wieder beugt sie sich schnüffelnd über das Loch, um sich davon zu überzeugen, dass sie einer Korkholzwurzel auf der Spur ist. Ihr Kind tobt um Blue herum und springt ihn an, in der Hoffnung, dass er auf die Provokationen reagiert. Aber auch wenn Blues Integration schon weit fortgeschritten ist, hat er gelernt, dass er sich besser zurückhält.

In der Nähe nehmen die Mungos ein Staubbad; eine graue Wolke erhebt sich über die Lichtung. Wie üblich steht einer von ihnen Wache und ent-

Mit Stock und Stein
Der *Australopithecus* ist ein intelligentes Tier, das bei der Nahrungssuche Werkzeuge einsetzt. So gelangt er an nährstoffreiche Wurzeln und Knollen.

Die Wiege der Menschheit

Eine neue Richtung
1974 entdeckte Don Johanson im Norden Äthiopiens die Überreste eines *Australopithecus*. Bevor weitere Nachforschungen angestellt werden konnten, machte ein Bürgerkrieg den Zutritt in die Region unmöglich.

Die wissenschaftliche Suche nach dem metaphorischen Garten Eden führte die ersten Fossiliensammler rund um den Globus. Zunächst vermutete man, in Deutschland, England, Israel und Java fündig zu werden, bis der Biologe Raymond Dart im Jahr 1924 in Taung in Südafrika das zwei Millionen Jahre alte Skelett eines Kindes entdeckte. Dart nannte es *Australopithecus africanus*. Es war das bei weitem älteste bekannte Hominiden-Fossil. Von nun an konzentrierte sich die Suche nach dem Ursprung der Menschheit auf Afrika.

Im Laufe der nächsten fünfzig Jahre stieß man vor allem in Ost- und Südafrika auf eine Reihe weiterer wichtiger Überreste, doch obwohl es sich um aufregende Funde handelte, befand sich kein Fossil darunter, das älter war als der *Australopithecus africanus*. Man war auf der Suche nach der mythischen Wiege der Menschheit nicht weitergekommen.

In den 70er Jahren wurden in der Nähe des Turkanasees im Nordwesten Kenias weitere Funde gemacht. Aber auch im Süden Äthiopiens entdeckten die Forscher Fossilien und so verschob sich die regionale Verbreitung der frühen Hominiden nach Norden. Der Durchbruch gelang im Jahr 1974, als eine Expedition unter der Leitung von Don Johanson in der abgelegenen Hadar-Region im Norden Äthiopiens Hominiden-Knochen fand, die sich als der bis dahin älteste Fund erwiesen. Die zusammengesetzten Knochen ergaben das unvollständige Skelett einer erwachsenen Frau, der Johanson nach dem Beatles-Song »Lucy in the Sky With Diamonds« den Namen »Lucy« gab. Eine Altersbestimmung des Skeletts ergab, dass Lucy 3,2 Millionen Jahre alt ist. Die Form ihrer Hüftknochen lässt darauf schließen, dass sie wie wir aufrecht ging, wenn auch andere Merkmale wie die Finger und der Brustkorb denen des Affen gleichen. Lucy wurde als

das »Missing Link« zwischen Affe und Mensch gefeiert.

Doch bevor weitere Untersuchungen angestellt werden konnten, brach in Äthiopien ein Bürgerkrieg aus, der das Land für die nächsten zwanzig Jahre für die Forscher unzugänglich machte. Als die Paläontologen wieder einreisen durften, fanden sie sowohl im Süden als auch im Norden weitere höchst interessante Fossilien. Zu Beginn des Jahres 2001 wurde berichtet, dass man bei Hadar ein älteres und besser erhaltenes Skelett als das von Lucy ausgegraben habe. Demnach muss Äthiopien als eines der wichtigsten Zentren der menschlichen Evolution betrachtet werden.

Das Land selbst scheint dem Bild vom Garten Eden kaum zu entsprechen, finden sich dort doch einige der unwirtlichsten Wüsten der Welt. Es mag verwundern, dass sich unsere Vorfahren dort wohl gefühlt haben. Aber Fossilfunde beweisen, dass die Landschaft einst aus offenen Wäldern und grasbewachsenen Steppen bestand, wo sich immer wieder periodisch Flüsse und Seen bildeten. Außerdem lebten dort viele wilde Tiere, deren Nachfolger man heute in den afrikanischen Nationalparks beobachten kann. Für unsere Vorfahren mag Äthiopien eine Idylle gewesen sein, zu Lucys Zeiten vielleicht sogar das Paradies.

Mahl-Zeit
Die Zähne der frühen Hominiden zeigen, dass ihre Ernährung aus Früchten und Blättern bestand. Abnutzungsspuren lassen darauf schließen, dass sie auch Wurzeln aßen.

Forscherfamilie
Jahrzehntelang suchten Mitglieder der Familie Leakey in Regionen wie dem Turkanasee im Norden Kenias nach Hominiden-Überresten.

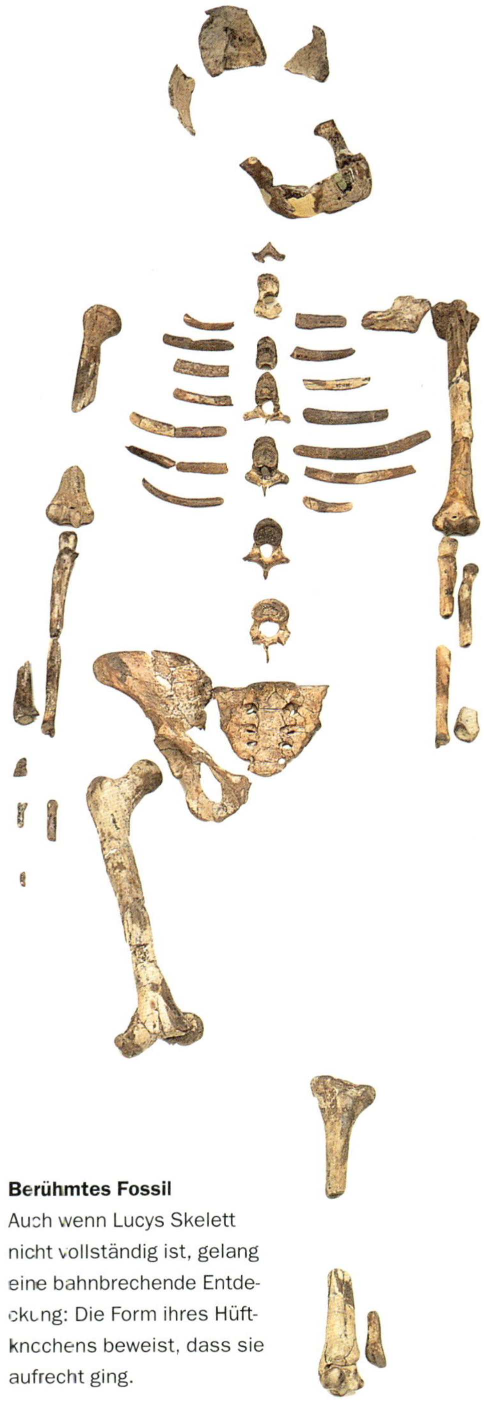

Berühmtes Fossil
Auch wenn Lucys Skelett nicht vollständig ist, gelang eine bahnbrechende Entdeckung: Die Form ihres Hüftknochens beweist, dass sie aufrecht ging.

deckt als Erster den sich heranschleichenden *Dinofelis*. Im hellen Licht, in dem der Staub wirbelt, stellt sein Fell zwar eine perfekte Tarnung dar, aber er ist zu früh gesehen worden. Die Affen flüchten auf den nächsten Baum. Blue schafft es als Letzter und entkommt dem heranstürmenden *Dinofelis* nur knapp. Die Großkatze hat ihre Chance verpasst, aber das hindert sie nicht daran, um den Baum herumzuschleichen, auf dem Blue und vier weitere Gruppenmitglieder hocken. Plötzlich schlägt sie ihre Krallen in die Rinde und zieht sich auf die Äste hinauf. Die Menschenaffen schreien auf, während die Räuberin versucht, auf einen höheren Ast zu gelangen.

> Plötzlich schlägt die Großkatze ihre Krallen in die Rinde und zieht sich auf die Äste hinauf. Die Menschenaffen schreien verängstigt auf, während die Räuberin versucht, auf einen höheren Ast zu gelangen

Babble, Berry und Blue rütteln an den Zweigen, reißen sie ab und werfen sie auf die Angreiferin. Die ignoriert die Wurfgeschosse jedoch und macht sich bereit für den nächsten Sprung. Doch in diesem Augenblick trifft sie ein besonders schwerer Zweig genau auf den Kopf. Die Großkatze verliert das Gleichgewicht und fällt auf den Boden. Dabei ist sie nur in ihrem Stolz verletzt worden, aber ihr Missgeschick stachelt die Menschenaffen ungemein an. Während die Weibchen sie weiterhin bewerfen, springt Graubart vom Baum und wirft mit Steinen nach dem Tier. Bruiser will nicht zurückstehen und greift den *Dinofelis* mit einem schweren Ast an. Der Räuber schlägt nach Bruiser, aber der Hagel der Wurfgeschosse entnervt ihn so sehr, dass er sich schließlich davonmacht.

Die Weibchen schreien und trommeln auf die Äste, während Bruiser noch immer mit seinem Ast auf den Boden schlägt. Das war ein wichtiger Sieg für die Gruppe.

Das Blatt wendet sich
Durch Teamwork und den Einsatz von Stöcken und Steinen gelingt es der *Australopithecus*-Gruppe, auch große Raubkatzen in die Flucht zu schlagen.

Allmählich beruhigen sich die Menschenaffen wieder. Gemeinsam hocken sie auf dem Baum und legen eine ausgiebige Pflegestunde ein. Zum ersten Mal erlaubt Babble, dass Blue sie und ihr Kleines putzt. Blue, der immer noch zu schmächtig ist, hat es nicht leicht gehabt, doch nun ist er voll und ganz in das soziale Gefüge der Gruppe integriert. Vielleicht wird er nie das dominante Männchen sein, aber innerhalb dieser sehr komplexen Primaten-Gruppen hat jedes Mitglied seinen Platz und mit etwas Glück kann Blue den seinen noch vierzig Jahre lang behaupten.

Neues Territorium
(FOLGENDE DOPPELSEITE)
Unter Bruisers Führerschaft erobert die Gruppe ein neues Territorium. Nun kann Blue der Zukunft endlich etwas optimistischer entgegensehen.

5 Kampf der Säbelzähne

Unsere Welt vor 1 Million Jahren

Die Eiszeit hat begonnen. Nord- und Südpol sind von Eis umschlungen und in den höheren Regionen breiten sich Tausende Quadratkilometer Tundra aus. Dadurch rückt ein großer Teil von Flora und Fauna näher an den Äquator heran, aber auch hier verändert sich einiges. Da sehr viel Wasser in den Eisdecken gebunden ist, trocknen die Tropenwälder aus. Riesige Grasflächen dominieren das Land. Besonders deutlich werden die Veränderungen in Südamerika, wo man diese Periode die »Ära der Pampas« nennt. Die Regenwälder sind bis in die Küstenregionen zurückgedrängt worden und weichen offener Savanne und Prärien im Landesinneren. Hier hat der heftige Kampf zwischen Raub- und Beutetier eine neue Rasse von Giganten hervorgebracht. Viele von ihnen sind zu groß für das gefährlichste Raubtier Südamerikas, den flügellosen Terrorvogel, aber ein neuer Einwanderer aus Nordamerika verlagert das Kräfteverhältnis. Die Neuankömmlinge heißen Smilodonten – Säbelzahntiger, die zum Schrecken der Steppen werden.

Führer des Rudels Die Szene auf den Steppen der Pampas spielt sich schon seit ewigen Zeiten ab. Ein Meer aus hohem Gras wogt im Wind. In der Ferne bewegt sich eine *Macrauchenia*-Herde im Morgendunst. Ein Stück entfernt kann man das cremefarbene Gefieder eines *Phorusrhacos* erkennen, der nach Säugetieren jagt. Seit Millionen von Jahren sind diese riesigen Terrorvögel die gefährlichsten Raubtiere Südamerikas und im Verlauf dieser Zeit wurden sie immer größer und kräftiger – dieses Exemplar ist fast 3 Meter groß. Terrorvögel sind blitzschnelle Wesen, die eine Spitzengeschwindigkeit von über 60 km/h erreichen. Nur wenige Pflanzenfresser können ihnen entkommen.

Der *Phorusrhacos* duckt sich im Schutz des hohen Grases und beobachtet dabei sein ahnungsloses Opfer, das auf einer offenen Fläche immer näher kommt. Langsam bewegt der Vogel den Kopf hin und her, um den genauen Augenblick des Angriffs zu bestimmen. Sein gewaltiger Schnabel ist

Aufmerksame Jägerinnen
(VORHERIGE DOPPELSEITE)
Eine Gruppe weiblicher Smilodonten beobachtet eine Herde Macrauchenien und wartet auf den geeigneten Augenblick zum Angriff.

Urzeitlicher Schrecken
In Südamerika lebten flügellose Raubvögel noch lange, nachdem sie überall sonst ausgestorben waren. Der spektakulärste von allen war der *Phorusrhacos*.

Phorusrhacos
Phorusrhacos gehört zu einer Gruppe, die man Terrorvögel nennt. Der älteste bekannte Fund ist *Aenigmavis* aus der Grube Messel in Deutschland. Er hatte jedoch nur die Größe eines heutigen Huhns und ist nicht mit dem gigantischen *Gastornis* verwandt, der zu jener Zeit die Wälder beherrschte. In Südamerika dagegen wuchsen seine Nachkommen zu beträchtlicher Größe heran und waren für Millionen von Jahren die gefährlichsten Raubtiere des Kontinents.
NACHWEIS: Man hat nur unvollständige Fossilien von *Phorusrhacos* gefunden, z. B. bei Monte Hermoso in Argentinien, aber neue Funde des nordamerikanischen Verwandten, *Titanis*, in Texas und Florida vervollständigen langsam das Bild.
GRÖSSE: Bis zu 3 Meter.
NAHRUNG: Kleine Säugetiere und Aas.
ZEIT: Vor 27 Millionen – 5000 Jahren.

Das gräserne Herz
Mit dem Beginn der Eiszeit wich der Amazonasdschungel an die Küste zurück und Südamerika bestand größtenteils aus Steppen.

Leeres Land

Am Ende des Pliozäns verschwand die Welt der Wälder, die seit dem Aussterben der Saurier den Lebensraum der Säugetiere dargestellt hatte. Auch wenn das Klima in den mittleren Breiten und den Tropen noch immer warm war, breiteten sich beide Eiskappen weiter aus und schufen eine ausgeprägte Polarregion in der Arktis und Antarktis. Zum ersten Mal seit fast 300 Millionen Jahren gab es auf der Erde kahle, gefrorene Wüstengebiete, die Tundren, die sich über den nördlichsten Regionen Amerikas, Europas und Asiens sowie der südlichen Region Patagoniens erstreckten. Unter diesen Bedingungen gedieh Weideland und so entstanden Steppe, Savanne und Pampa, während die tropischen Wälder dem offenen Waldland Platz machten. Die Erde wandelte sich langsam zu dem, wie sie heute aussieht.

Solche drastischen Klima- und Vegetationsveränderungen hatten weit reichende Konsequenzen für die Tierwelt des Planeten. Die Tundra und die polaren Nadelwälder boten nur für die robustesten Vögel, Säugetiere und Insekten genügend Nahrung. Das wärmere Weideland ließ die Anzahl der Gras fressenden Nagetiere wie Hasen und Kaninchen in die Höhe schnellen, was wiederum zu einer Vermehrung der mittelgroßen Carnivoren wie Füchsen, Hunden und kleineren Katzen geführt haben mag. In den wärmeren Waldregionen Südeuropas tauchten die ersten Mammuts auf, die damals noch unbehaart waren und kein Gras, sondern Blattwerk fraßen.

Die größten Veränderungen fanden jedoch auf dem tropischen und subtropischen Weideland Afrikas, Asiens und Nordamerikas statt. Hier führte der Rückgang des Waldlandes dazu, dass sich Huftiere wie Pferde, Rinder und Antilopen in den

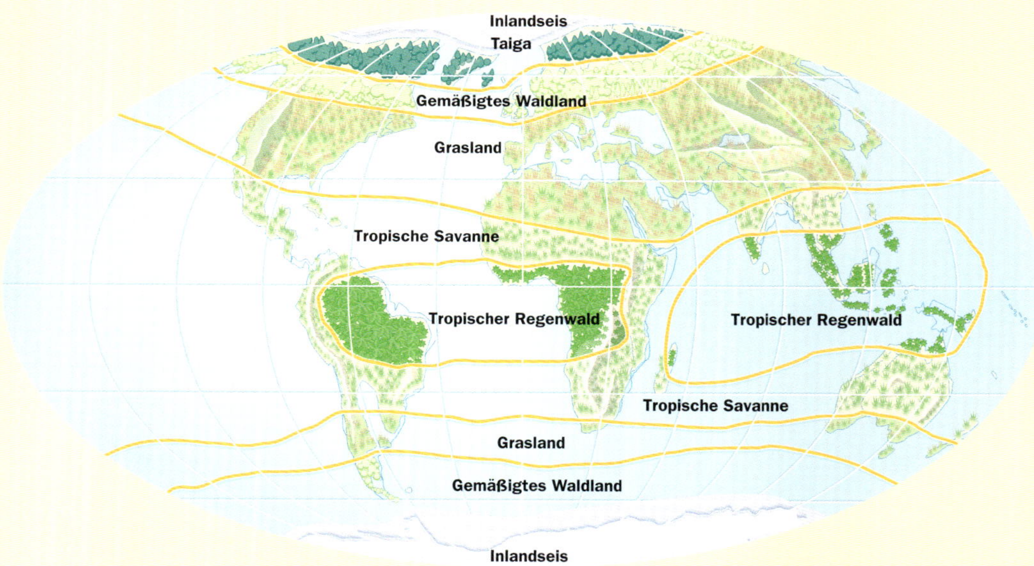

Es wird kalt
Während sich vor 1 Million Jahre die Eiskappen an den Polen ausdehnten, rückten Steppenlandschaften in Richtung Äquator vor, drängten die anderen Vegetationszonen zurück und löschten die tropischen Regenwälder fast aus. Da an den Polen riesige Wassermassen gebunden waren, weiteten sich die Trockengebiete auf der Erde aus. Wie schon zuvor eroberten die Graslandschaften sogar den bewaldeten Norden. Dadurch geriet die alte tropische Tierwelt unter Druck.

Futtersuche (LINKS)
In Afrika begannen die Wanderungen riesiger Herden, die dem Regen folgten, wahrscheinlich erst mit den Klimaveränderungen der Eiszeit.

Maskierte Migranten (RECHTS)
Waschbären gehörten zu den ersten Tieren, die von Nord- nach Südamerika zogen, wo sie bis heute leben.

Steppen ausbreiten konnten. Die endlosen, grasbewachsenen Weiten erlaubten es ihnen, während der Regenzeiten in riesigen Herden herumzuziehen. Aufgrund des reichen Nahrungsangebots tauchten Katzen wie Leoparden und Löwen auf, die schnell genug waren, um in den Steppen zu jagen.

Wegen des niedrigen Meeresspiegels begannen sich verschiedene Tierpopulationen zu vermischen. Asiatische Tiere wie Elefanten und Katzen kamen nach Nordamerika, afrikanische Fauna-Elemente nach Südeuropa. Die bemerkenswerteste Mischung ergab sich wohl in Südamerika. Aufgrund ihrer langen Isolation hatten die dortigen Tiere auf das Verschwinden der Wälder auf ihre eigene Weise reagiert. Die Pampas wimmelten nur so von Riesengürteltieren und Riesenfaultieren. Mit ihnen kamen Raubtiere, vor allem Terrorvögel, die ebenso gute Jäger waren wie anderswo die großen Katzen. Aber dann, vor etwa drei Millionen Jahren, schloss sich die Landbrücke von Panama und die beiden Teile Amerikas, die seit dem Jura getrennt gewesen waren, stießen aufeinander. Die Tiere wanderten hin und her. Nach Texas und Florida kamen Faultiere, Gürteltiere und Terrorvögel aus dem Süden. Umgekehrt begaben sich aus dem Norden Waschbären, Nagetiere und Säbelzahntiger nach Argentinien.

In den wärmeren Waldregionen Südeuropas tauchten die ersten Mammuts auf, die damals noch unbehaart waren und kein Gras, sondern Blattwerk fraßen

Ausgewachsenes Tier

Jungtier

Smilodon

Smilodon, der berühmte Säbelzahntiger, ist uns gut bekannt, weil von der nordamerikanischen Art, *Smilodon fatalis*, zahlreiche Skelette gefunden wurden. Jene aus den Asphaltsümpfen von Rancho La Brea in Kalifornien sind noch sehr gut erhalten. Die südamerikanische Art, *Smilodon populator*, war sogar noch größer. Sie hatte lange, kräftige Vorderbeine, mit denen sie ihre Beute niederdrücken konnte, um dann mit den Säbelzähnen zuzubeißen.

NACHWEIS: *Smilodon populator* ist durch Funde in Brasilien, Argentinien und der Tarija-Formation in Bolivien bekannt.

GRÖSSE: Schulterhöhe 1,20 Meter.

NAHRUNG: Größere Gras- oder Blattfresser.

ZEIT: Vor 1,5 Millionen – 100.000 Jahren.

Gefährdete Kindheit

Smilodon-Junge sind in der Herde nur sicher, so lange die Nahrung reicht und das dominante Männchen nicht verdrängt wird.

erwartungsvoll geöffnet. Das kleine Säugetier, das er im Visier hat, bleibt stehen und stößt einen Hilferuf aus. Der *Phorusrhacos* erhebt sich und setzt sich mit seinen schnellen orangefarbenen Beinen in Bewegung. Aber er soll eine Überraschung erleben.

Der Terrorvogel hat sich ein *Smilodon*-Junges als Opfer ausgesucht, einen kleinen Säbelzahntiger. Er ist zwar allein unterwegs, doch das Rudel dürfte nicht allzu weit entfernt sein. Als das Junge ihn bemerkt, weicht es erschrocken zurück. Da sieht sich der *Phorusrhacos* plötzlich einer *Smilodon*-Mutter gegenüber, die das Maul weit geöffnet hat, um ihre 20 Zentimeter langen Fangzähne zu zeigen. Der Riesenvogel breitet seine kleinen Klauenflügel aus und gibt einen durchdringenden Schrei von sich. Doch diese Demonstration von Stärke macht auf den Säbelzahntiger wenig Eindruck. Er stellt sich zwischen das Junge und den Vogel, wobei er mit den Tatzen schlägt. Nun tauchen zwei weitere *Smilodon*-Weibchen aus dem Gras auf, gefolgt von einem riesigen Männchen. Als dieses schneller trabt, dreht sich der Vogel um und ergreift die Flucht. Die große Katze ist klug genug, ihn nicht zu verfolgen. Stattdessen bleibt sie stehen und stößt mehrere Male ein kehliges, tiefes Brüllen aus. Sie hört erst auf, als sich ein verspieltes Junges in ihrem kurzen Schwanz festbeißt und sie es abschütteln muss.

In der Savanne kann man das Brüllen eines *Smilodon* noch in 8 Kilometer Entfernung hören. Es dient nicht nur der Abschreckung von Raubtieren, sondern auch als Erkennungszeichen für die anderen *Smilodon*-Rudel. Die Säbelzahntiger haben dieses Grasmeer in Territorien aufgeteilt, die von den einzelnen Rudeln verteidigt werden. Dieses Rudel ist nicht besonders groß. Fünf Weibchen mit vier Jungen und zwei junge Weibchen werden von einem einzelnen Männchen angeführt. Ihr Gebiet erstreckt sich über mehrere Kilometer am Fuße eines Kliffs entlang und besteht zum größten Teil aus Grasland mit einigen Palmenhainen und ein paar saisonalen Sumpfflecken.

Domestizierte Killer
Katzen jagen Beutetiere, die kleiner sind als sie. Ihre Zähne sind darauf ausgerichtet, dünne Knochen zu brechen.

Säbelrasseln

Bei dem Begriff »Säbelzahn« denken die meisten sofort an Tiger, doch bei diesem haben sich nie Säbelzähne gebildet. Es hat allerdings Säbelzahn-»Katzen« gegeben, wie das *Smilodon*, und auch Säbelzahn-Beuteltiere und andere katzenähnliche Tiere mit Säbelzähnen: die ausgestorbenen Nimraviden und Creodonten.

Einige kleinere heutige Katzen töten ihre Beute mit einem genau platzierten Biss in das Genick des Opfers, das von den Eckzähnen glatt gebrochen wird. Auf den ersten Blick scheint das eine gute Erklärung für die Säbelzähne zu sein: Große Katzen, die große Beutetiere töten, verfügen über lange Eckzähne, mit denen sie ihren Opfern das Genick brechen. Allerdings waren die Säbelzähne recht empfindlich, bei direktem Kontakt mit Knochen brachen sie.

Viele große Katzen, wie die Löwen, erwürgen ihre Beute, indem sie ihr in die Kehle beißen und die Luftröhre zudrücken.

Maul-Helden
In der Entwicklungsgeschichte der räuberischen Säuger haben sich immer wieder Säbelzähne zum Töten größerer Beutetiere gebildet.

Dies scheint eine bessere Methode für den Einsatz der Säbelzähne zu sein. Mit einem genauen Biss hätten die Zähne den Tod des Opfers beschleunigt. Während die Katze ihre Kiefer um das Genick des Beutetiers schließt, könnten die Säbelzähne die großen Blutgefäße zum Hirn verletzen, was zusammen mit dem Verschließen der Luftröhre das Tier tötet. Damit das aber funktioniert, muss die Katze in der Lage sein, das sich windende Opfer auf den Boden zu drücken, damit es die empfindlichen Zähne nicht in Gefahr bringt.

Das *Smilodon* verfügte über einige Eigenschaften, die ihm bei dieser Art des Tötens von Nutzen waren: Es hatte äußerst kräftige Vorderbeine mit scharfen, einziehbaren Krallen, mit denen es seine Opfer wahrscheinlich gut auf dem Boden festhalten konnte, um dann zuzubeißen. Der Schädel weist eine Vielzahl von Nervenverbindungen zu den Schnurrhaaren auf, was dabei geholfen haben mag, die richtige Stelle für den Biss zu finden. Schließlich standen die Vorderzähne leicht vor, sodass das *Smilodon* Fleisch vom Skelett ziehen konnte, ohne dass ihm seine Eckzähne in die Quere kamen. Die Abnutzungsspuren auf den Zähnen zeigen, dass es Kontakt mit Knochen fast gänzlich vermied, weshalb eine Menge Fleisch für die Aasfresser übrig blieb.

Das Männchen hat das Kliff-Rudel vor zwei fast Jahren übernommen, nachdem es den damaligen Führer getötet hatte. Es ist ein Prachtexemplar seiner Art, fast 1,5 Meter groß, mit kräftigen Vorder- und relativ kurzen Hinterbeinen. Obwohl es nicht schnell laufen kann, ist es doch zu einem ausdauernden Trab fähig. Aber die Jagd ist gar nicht seine Hauptaufgabe. Dafür sind die Weibchen zuständig. Das Männchen beansprucht lediglich seinen Anteil von der Beute und spart seine Kräfte für die Verteidigung des Rudels auf. Dieses Tier musste bis jetzt offenbar noch keine ernsthafte Herausforderung bestehen – sein sandfarbenes, geflecktes Fell zeigt nur wenige Narben. Allerdings ist einer der langen Säbelzähne in der Mitte abgebrochen. Doch das scheint Halbzahn nicht zu behindern.

Nach der Begegnung mit dem *Phorusrhacos* lässt sich das Männchen entspannt auf einen Felsen nieder, die Weibchen und Jungen um sich herum geschart. Auf ihrem Gebiet leben auch mehrere Herden kleiner pferdeähnlicher Wesen, die Macrauchenien. Diese Pflanzenfresser haben eine besonders lange Nase, die ihnen die Nahrungsaufnahme erleichtert. Da sie sich relativ langsam bewegen, sind sie die bevorzugte Beute des *Smilodon*. Aber hier ist kein Tier leichte Beute. Macrauchenien sind groß und kräftig, und es ist nicht einfach, ein Tier von der Herde zu isolieren.

Halbzahn rollt auf die Seite und lässt sich von einem Jungen das Ohr tätscheln. Die Jungtiere, von denen die meisten erst wenige Monate alt sind, stammen alle von ihm. Sie sind deutlicher gefleckt als die ausgewachsenen Tiere und ihre Säbelzähne bilden sich erst noch. Es ist ein friedliches Familienbild, der König der Steppe im Kreise seiner Untertanen. Aber am Horizont braut sich Ärger zusammen. In der Ferne sieht man die unverkennbaren Silhouetten zweier großer *Smilodon*-Männchen herannahen. Die beiden Brüder haben die Duftmarken ignoriert, die Halbzahn um sein Territorium herum gesetzt hat. Sie sind gekommen, um ihn herauszufordern, und sie werden nicht ohne Blutvergießen verschwinden.

Verteidigung des Reiches
Halbzahn brüllt im Abendlicht. Den größten Teil seiner Energie verwendet er darauf, sein Territorium zu markieren und zu verteidigen.

Doedicurus
Doedicurus war ein Riesengürteltier, ein Verwandter des heutigen Gürteltiers und des Faultiers. Nachdem es überall sonst ausgestorben war, existierte es in Südamerika noch recht lange. Als sich die Landbrücke zu Nordamerika bildete, gedieh *Doedicurus* weiterhin, ging jedoch schließlich mit dem Rest der Megafauna unter. Den Legenden nach gab es sie noch, als die ersten Menschen nach Südamerika kamen.
FUNDE: Es gibt eine Vielzahl von Skeletten der Riesengürteltiere, darunter auch von *Doedicurus*, besonders in der Esenada-Formation in Argentinien.
GRÖSSE: Länge 3 Meter, Gewicht ca. 1,4 Tonnen.
NAHRUNG: Fraß jede Art von Vegetation, grub vielleicht auch nach Wurzeln und Knollen.
ZEIT: Vor 2 Millionen – 15.000 Jahren.

Der König wird verbannt Am nächsten Morgen geht die Sonne an einem dunklen, wolkenverhangenen Himmel auf. Am späten Vormittag prasselt der Regen auf die Steppe. Unter den tropfenden Blättern eines Palmenhains erkennt man zwei riesige dunkelbraune Wesen, *Doedicurus*-Männchen, die um das Recht kämpfen, wer um ein in der Nähe befindliches Weibchen werben darf. Die Bewegungen ihrer runden, gepanzerten Körper wirken langsam und unbeholfen, während sie einander umkreisen und auf eine Gelegenheit zum Angriff warten. Sie drücken sich gegenseitig weg, manchmal erhebt sich sogar einer auf die Hinterbeine, um den Rivalen einzuschüchtern. Hin und wieder gelingt es einem der beiden, mit seinem massiven, stachligen Schwanz zu schlagen. Wenn ein 40 Kilo schwerer, knochiger Knüppel auf eine dicke Körperpanzerung trifft, die von mehreren Fettschichten gepolstert ist, ertönt ein dumpfer Schlag. Doch der Getroffene reagiert nur mit einem Grunzen. Manchmal dauern diese Keulenkämpfe viele Stunden. Wenn sich die Kombattanten dann trennen, haben sie außer abgebrochenen Stacheln oder eingerissenem Panzer keine größeren Verletzungen erlitten. Auch dieser Wettkampf scheint trotz des strömenden Regens über mehrere Runden zu gehen.

Das Kliff-Rudel sieht sich die Sache von einem nahe gelegenen Hügel

Die Riesengürteltiere bildeten unterschiedliche Arten bewehrter Schwänze aus, ähnlich denen der Ankylosaurier des Erdmittelalters, aber keiner davon war so beeindruckend wie der mit Stacheln besetzte Knüppel des *Doedicurus*.

Kräftemessen
Doedicurus-Männchen kämpfen um ein Weibchen. Die Regeln sind einfach: Wer den Schlägen des anderen am längsten standhält, hat gewonnen.

aus gelassen an. Es ist unwahrscheinlich, dass einer der *Doedicurus* so geschwächt wird, dass ihn die Säbelzahntiger angreifen könnten. Außerdem sind die Weibchen abgelenkt. Beim Anbruch des Morgens standen die beiden *Smilodon*-Brüder etwa einen Kilometer vom Rudel entfernt und stießen ein herausforderndes Brüllen aus. Halbzahn reagierte sofort und trottete auf der Suche nach ihnen davon. Seitdem haben die Weibchen ihn nicht mehr gesehen. Sie müssen jagen, wollen jedoch ihre Jungen nicht schutzlos zurücklassen. Endlich, gegen Mittag, taucht Halbzahn im Regenschleier auf. Die Erwachsenen des Rudels erheben sich, um ihn zu begrüßen. Als er näher kommt, sieht man mehrere tiefe Wunden an seinen Flanken. Dann tauchen im Nebel die beiden Brüder auf. Sie beobachten Halbzahn mit erhobenen Köpfen und folgen ihm in einem Tempo, das ihm keine Zeit zum

Die Kiefer des *Smilodon* sind so angelegt, dass sie sich weiter öffnen lassen als die der meisten anderen Katzen, wodurch sie ihre Säbelzähne tief in den Hals des Beutetieres versenken können.

Ausruhen lässt. Gegen zwei Gegner hatte er keine Chance. Er ist entthront worden und wird nun aus seinem Königreich vertrieben. Die Weibchen rufen nach ihm, aber Halbzahn macht einen Bogen um das Rudel und geht auf die Sümpfe im Süden zu. Seine Zukunft sieht düster aus – die meisten Männchen überleben nicht lange, sind sie einmal aus ihrem Rudel vertrieben worden. Ohne Territorium und ohne Weibchen, die für sie jagen, müssen sie sich von Aas ernähren und werden von Männchen anderer Rudel angegriffen. Aber Halbzahn ist noch relativ jung und wenn seine Verletzungen nicht zu schwer sind, gelingt ihm vielleicht eines Tages ein Comeback.

Nachdem Halbzahn verschwunden ist, lassen sich die beiden Brüder nieder, um ihr neues Rudel aus sicherer Entfernung zu beobachten. Die Weibchen wissen, was geschehen ist – ein Machtwechsel hat stattgefunden. Für sie selbst macht es keinen großen Unterschied, aber für ihre Jungen bedeutet es den Tod. Die Kleinen stammen von Halbzahn und es ist nicht im Sinne der Brüder, seine Nachkommenschaft zu beschützen. Solange die Jungen leben, sind die Weibchen nicht paarungsbereit. Das bedeutet für die Brüder, dass sie die Jungen ihres besiegten Rivalen töten müssen, um mit den Weibchen eigene Nachkommen zu zeugen. Zunächst bleiben sie jedoch dem Rudel fern, da sie wissen, dass die Weibchen ihre Jungen äußerst aggressiv verteidigen werden. Aber die Mütter können nicht ewig bei ihnen bleiben – sie müssen auf die Jagd gehen. Schließlich packen sie die Kleinen mit ihren Vorderzähnen und tragen sie in ein Dornengebüsch, um sie zu schützen. Die Brüder warten gerne.

Die *Smilodon*-Brüder müssen die Jungen ihres besiegten Rivalen töten, um mit den Weibchen eigene Nachkommen zu zeugen

Mittlerweile hat Halbzahn den offenen Wald am Rand der Kliffs erreicht. Er sucht nach Schutz vor dem Regen und geht auf einen Felshang zu. Bevor

er hinaufklettert, bleibt er stehen und wittert. Trotz des strömenden Regens nimmt er den Geruch eines Riesenfaultiers wahr. Zum ersten Mal an diesem Tag hat Halbzahn Glück, denn wäre er in die Nähe des 4 Tonnen schweren *Megatherium* gekommen, hätte das sehr schnell mit seinem Tod enden können. So dreht er sich um und klettert höher. Und tatsächlich sieht er zwischen Myrtenbüschen die massige Gestalt eines *Megatherium*. Sein dunkles, struppiges Fell ist durchnässt. Mit seinen kräftigen Krallen reißt es mühelos Blätter von einer Palme und steckt sich das Grünzeug ins Maul. Als das Tier den Säbelzahntiger entdeckt, stößt es ein Gebrüll aus, stellt sich auf die Hinterbeine und präsentiert seine Krallen, von denen jede so lang ist wie die Säbelzähne des Tigers. Aufgrund seiner Größe und Kraft hat *Megatherium* kaum etwas zu fürchten, selbst Smilodonten nicht.

Halbzahn geht es nicht gut. Die Wunden, die ihm die Brüder zugefügt haben, schmerzen in dem feuchten Klima. Er stolpert über die Felsen, fort von dem gefährlichen Faultier, und sucht weiter nach Schutz.

Am späten Nachmittag, als der Regen langsam nachlässt, machen die Brüder Halbzahns Niederlage komplett. Die Weibchen des Rudels sind auf die Jagd gegangen und die beiden beginnen die Dornenbüsche abzusuchen. Vielleicht finden sie die Jungen nicht auf Anhieb, aber das macht ihnen nichts aus. Jedes Mal, wenn die Weibchen losziehen, werden sie die Suche wieder aufnehmen, und irgendwann werden sie erfolgreich sein.

Vor Einbruch der Dunkelheit kehren die Weibchen zurück und die Mütter suchen nach ihren Jungen. Niemand antwortet auf ihre leisen Rufe. Die Mütter setzen die Suche bis tief in die Nacht fort – vergebens. Es scheint, als seien die Brüder sehr gewissenhafte Jäger. Das älteste Weibchen hält tagelang Ausschau nach ihren beiden Kindern. Sie ist wahrscheinlich zu alt, um noch einmal zu werfen, und vielleicht ahnt sie, dass dies ihre letzte Chance ist. Drei Tage nachdem Halbzahn entthront wurde, findet sie den abgetrennten Kopf eines ihrer Jungen.

Der Rowdy der Steppen
Aufgrund seiner Größe und Kraft hatte das Riesenfaultier, *Megatherium*, in der Pampas keine natürlichen Feinde.

Megatherium
Das Riesenfaultier ist zwar mit seinen auf Bäumen lebenden Artgenossen verwandt, unterschied sich jedoch wesentlich von ihnen. Es erreichte enorme Ausmaße – *Megatherium* war eines der Größten – und wanderte von Süd- nach Nordamerika, wo es sich ebenfalls etablierte. Riesenfaultiere starben erst vor wenigen Tausend Jahren aus, wahrscheinlich als Folge intensiver Jagd durch Menschen. Zahlreiche Funde geben uns ein gutes Bild davon, wie sie aussahen.
NACHWEIS: Die südamerikanische Art, *Megatherium americanum*, ist durch viele Skelettfunde, fossile Fußabdrücke, ja sogar Kot und Haare rekonstruierbar. Man hat sie sowohl in Texas als auch in Argentinien entdeckt.
GRÖSSE: Bis zu 6 Meter lang, Gewicht ca. 3,8 Tonnen.
NAHRUNG: Pflanzen, vielleicht auch Aas.
ZEIT: Vor 1,9 Millionen – 8000 Jahren.

Macrauchenia
Dieses bizarre Wesen ist Mitglied einer ausgestorbenen Gruppe von »Pseudo-Pferden«, den Litopterna, die nur in Südamerika vorkamen. Man weiß nicht, auf welche Weise sie mit anderen Säugern verwandt sind – wahrscheinlich sind sie entfernte Verwandte der uns bekannten Huftiere. Doch mit dem Fund weiterer Fossilien könnte sich diese Klassifikation durchaus ändern. *Macrauchenia* war die letzte Gattung der Gruppe – als sie ausstarb, verschwand mit ihr auch die Linie der Litopterna.
NACHWEIS: Das erste Skelett einer *Macrauchenia* wurde von Charles Darwin bei einem Zwischenstopp während seiner berühmten Reise mit der *Beagle* entdeckt. Seitdem hat man viele weitere Überreste in der Lujan-Formation in Argentinien gefunden.
GRÖSSE: Schulterhöhe 2,1 Meter, Kopfhöhe über 3 Meter.
NAHRUNG: Blätter von Bäumen.
ZEIT: Vor 7 Millionen – 20.000 Jahren.

Ein neues Regime Wochenlange Regenfälle haben die Pampas aufgeweicht. Im üppig sprießenden Gras haben sich Tümpel gebildet. Es gibt keinen Mangel an Nahrung für die Pflanzenfresser, aber der schwere, feuchte Boden bedeutet für viele Herdentiere eine Bedrohung. Die meisten, wie die Macrauchenien und die Pferde, müssen sich auf ihre Schnelligkeit und Beweglichkeit verlassen, um den Raubtieren zu entkommen. Die Bodenverhältnisse machen es ihnen sehr schwer – das weiß auch das *Smilodon*-Rudel und will es zu seinem Vorteil nutzen.

Die Brüder haben noch immer kaum etwas mit den Weibchen zu tun. Sie verbringen die Zeit damit, ihr neues Territorium abzugehen und mit Duftmarken ihre Anwesenheit zu bekunden. Währenddessen gehen vier Weibchen auf Jagd. Das älteste, das seine Jungen verloren hat, ist nicht dabei. Schon vor einer Woche hat es das Rudel verlassen, möglicherweise ist es tot. Die anderen werden seine Erfahrung vermissen, aber es hat ihnen viel beigebracht, und so wollen sie auch allein eine *Macrauchenia* töten.

Die *Macrauchenia*-Herde steht in der offenen Steppe und äst in den großen Mimosenbüschen. Normalerweise haben sich diese Tiere auf Bäume und Strauchwerk spezialisiert. Dank ihrer ungewöhnlichen Greifnasen können sie mühelos Blätter von den Zweigen pflücken. Aber in diesen Zeiten des Überflusses sind die Blumen ein zusätzlicher Leckerbissen. Die Herde ist ständig nervös. Obwohl von kräftigem Körperbau, wissen sie, dass sie gegen die Jagdtechniken der Säbelzahntiger machtlos sind. Während sie sich an den Mimosen gütlich tun, zucken ihre Köpfe immer wieder hoch, und sie suchen den Horizont nach potentiellen Feinden ab. Die großen Katzen wissen das natürlich und schleichen sich so geduckt an, dass ihre Schultern nicht über das Gras hinausragen. Drei Weibchen arbeiten sich schnell von Osten an die Herde heran; das vierte schleicht nach Westen und lässt sich dort in Wartestellung nieder. Kurz darauf sind die anderen drei in Position. Immer mehr nähern sie sich der Herde. Zwar sind schon

Der auffällige Rüssel erleichtert es der *Macrauchenia,* frisches Grün von Bäumen und Büschen zu fressen. Würde sich das Tier nur von Gras ernähren, hätte es viel mehr Konkurrenten bei der Nahrungssuche.

Herdenmentalität
Auch wenn sie so groß sind wie Kamele, wittern Macrauchenien stets Gefahr. Sie sind das bevorzugte Beutetier des Säbelzähntigers.

einige Jungtiere in ihrer Reichweite, doch die Smilodonten scheinen ihnen ausgewachsene Tiere vorzuziehen.

Die Jäger haben sich bis auf 50 Meter genähert, als sie entdeckt werden. Nun stößt ein Männchen einen Alarmschrei aus. Sofort galoppiert der Rest der Herde in Richtung Westen. Die drei Katzen springen aus ihren Verstecken und nehmen die Verfolgung auf. Schon bald hat die erste einen Nachzügler eingeholt, aber als sie sich für den Sprung bereitmacht, schlägt die *Macrauchenia* einen Haken. Bei dem Versuch, die Richtung zu ändern, gerät das Weibchen ins Straucheln, und als es wieder losläuft, hat die Beute einen kleinen, aber wertvollen Vorsprung. Dass sie bei ihrer Größe von solcher Behändigkeit sind, hat schon vielen Macrauchenien das Leben gerettet. Dieser jedoch leider nicht. Durch ihr Manöver hat sie sich nicht nur von der Herde entfernt, sondern läuft auch direkt auf den vierten Säbelzahntiger zu. Mit wenigen Schritten hat er sein Opfer erreicht und schlägt zu. Er springt auf die Flanke der *Macrauchenia* und haut seine Krallen in Schulter und Nacken des Opfers. Durch die Wucht des Angriffs geht das Beutetier zu Boden. Es tritt verzweifelt um sich, aber der Säbelzahntiger ist so vorsichtig, am Kopfende der Beute zu bleiben. Mit einer Pfote drückt er die Schultern hinab, mit der zweiten versucht er, den Kopf zu fixieren. Eine zweite Jägerin kommt hinzu und gemeinsam halten sie das Opfer fest. Dann reißt die erste das Maul weit auf und schlägt ihre Säbelzähne in das Genick der *Macrauchenia*. Sie arbeitet sich so weit in das Fleisch hinein, bis sie mit einem Biss die Luftröhre, die Arterien und die Speiseröhre des Opfers zerfetzt hat. Als die beiden anderen Weibchen eintreffen, liegt die Beute bereits reglos da. Das Rudel lässt sich zur Mahlzeit nieder.

Die Jägerin reißt das Maul weit auf und schlägt ihre Säbelzähne in das Genick der *Macrauchenia*

Schon bald tauchen die Brüder auf und fordern ihren Anteil. Während

Reger Pendelverkehr

In den 30 Millionen Jahren, in denen Südamerika eine Insel war, entwickelten sich dort Tierformen, die es nirgendwo sonst auf der Welt gab. Vor 3 Millionen Jahren schloss sich jedoch die Landbrücke zu Nordamerika. Zeitweise ging man davon aus, dass die einheimische Fauna Südamerikas, durch Äonen der Isolation geschwächt, von der robusteren Nordamerikas verdrängt worden sei, aber mittlerweile hat die Wissenschaft erkannt, dass die Wahrheit viel komplizierter ist.

Wiederkehr des Grünen
Im Laufe der Zeit sind die mächtigen Regenwälder des Amazonas immer wieder verschwunden und zurückgekehrt.

In der Graslandschaft lebten Riesenfaultiere, Glyptodonten und Terrorvögel sowie eine Reihe Nager und Beuteltierarten. Als der Kontinent mit Nordamerika verschmolz, bildete sich ein Korridor, eine Steppenlandschaft, in der sich Tiere beider Kontinente begegneten. Viele südamerikanische Tiere zogen in die südlichen Steppen Nordamerikas. Weiter im Norden war es jedoch zu kalt für sie, sodass sie sich nicht weiter ausbreiteten.

Aber auch die Tiere Nordamerikas zogen nach Süden auf die neuen Weideländer wo sie sich besser verbreiten konnten. Pferde, Kamele (die Vorfahren der südamerikanischen Lamas), Hirsche und Tapire ästen und weideten auf den Pampas. Sie brachten neue Raubtiere mit – die Hunde und die Katzen, darunter auch *Smilodon*, den berühmten Säbelzahntiger.

Vor etwa 2,5 Millionen Jahren erwärmte sich das Erdklima und die Regenwälder des Amazonas schoben sich von den Küsten aus vor und breiteten sich in der Verbindung zwischen Süd- und Nordamerika aus. Die Steppentiere konnten nun nicht mehr zwischen den beiden Kontinenten hin- und herwandern, sodass sie sich erneut unabhängig voneinander entwickelten. Während der Eiszeit wechselten sich Wärme- und Kältephasen ab, zum Nachteil der größeren Tiere, die sich an die ständig ändernden klimatischen Bedingungen nicht anpassen konnten. Sie vermehrten sich langsamer, ihre Anzahl sank und sie waren vom Aussterben bedroht. Am Ende der letzten Kälteperiode, vor 12.000 Jahren, waren viele der Riesen, die Südamerika bevölkert hatten, ausgestorben oder nur noch in kleiner Zahl vorhanden. Jüngere Fossilienfunde deuten darauf hin, dass es Riesenfaultiere und sogar Terrorvögel noch gegeben haben mag, als die Menschen begannen, beide Teile Amerikas zu besiedeln. In Südamerika existieren noch viele nordamerikanische Tiere. Die südamerikanischen Arten hatten es schwerer, sich dem kälteren Klima Nordamerikas anzupassen. Einzig das Gürteltier erweitert noch heute Jahr für Jahr seinen Lebensraum.

Wanderer der Hochebenen
Auch wenn es heute als *das* Tier der südamerikanischen Anden gilt – das Lama ist erst vor 2–3 Millionen Jahren von Nordamerika aus eingewandert.

Zangenangriff (FOLGENDE DOPPELSEITE)
Nachdem sie ihrem Opfer aufgelauert haben, werfen zwei Smilodonten die *Macrauchenia* zu Boden, um sie zu töten.

sie sich nähern, brüllen sie laut, um ihre Autorität zu unterstreichen. Innerhalb des Rudels herrscht erhebliche Spannung; selbst unter normalen Umständen trennen sich die Weibchen nur äußerst ungern von ihrem Fang. Ein offener Streit bricht aus, aber nach dem Austausch einiger Drohgebärden lassen sich die beiden Brüder zu ihrem Mahl nieder. Während sie fressen, müssen sich die Weibchen zurückhalten. Tun sie es nicht, riskieren sie einen heftigen Prankenhieb. Zu allem Übel hat der Geruch der Beute auch noch zwei Phorusrhaciden angelockt. Zwar würden die Riesenvögel das Rudel niemals direkt angreifen, doch aufgrund ihrer Schnelligkeit gelingt es ihnen, ein paar Fleischbatzen zu ergattern.

Kleinere Tiere wissen genau, dass Smilodonten immer viel Fleisch am Skelett zurücklassen, um ihre Säbelzähne nicht zu gefährden

Eine ganze Stunde lang verteidigen die Männchen ihre Mahlzeit gegen alle Anfechtungen. Als die Weibchen endlich fressen dürfen, haben sich vier Phorusrhaciden und auch kleinere Tiere wie Waschbären zu ihnen gesellt. Sie wissen genau, dass die Smilodonten immer viel Fleisch am Skelett zurücklassen, um ihre Säbelzähne ni ht zu gefährden.

Während der nächsten Wochen arrangieren sich die Weibchen mit dem neuen Regime. Da nun keine Jungen mehr versorgt werden müssen, gibt es genug Nahrung, und eines der Weibchen wird rollig. Darauf haben die Männchen gewartet, auch wenn das Weibchen den ersten Annäherungsversuch macht. Sie rollt sich vor ihnen auf dem Rücken, um anzuzeigen, dass sie empfänglich ist. Daraufhin bricht unter den Brüdern ein Kampf aus. Nur einer der beiden kann sich mit dem Weibchen paaren und die Entscheidung darüber muss durch eine Demonstration der Stärke fallen. Dabei achten sie darauf, einander nicht zu verletzen – das nächste Mal ist vielleicht der andere an der Reihe. Der jetzige Gewinner wird die nächsten drei Wo-

Im Fressrausch
Beim Fressen sind die Säbelzähne den Smilodonten eher im Weg. Doch ihre nach vorn stehenden Schneidezähne ermöglichen es ihnen, Fleisch von den Knochen zu reißen.

chen damit verbringen, das Weibchen durch das Territorium zu begleiten und sich regelmäßig einmal in der Stunde mit ihm zu paaren.

Im Exil Nach dem Ende der Regenfälle trocknet der Boden langsam aus. Die meisten Blumen sind verschwunden und das Gras liegt offen unter dem weiten Himmel. Am Fuß des Kliffs baut ein Riesengürteltier-Weibchen aus Gras und Gebüsch ein Nest. Es wird nicht lange gebraucht, denn die Jungen müssen schon sehr früh lernen, hinter ihr herzutrotten. Aber die ersten Wochen, in denen sich ihr Panzer härtet, verbringen sie im Nest.

Halbzahn beobachtet das *Doedicurus*. In den Monaten seit seiner Niederlage hat er sich nicht allzu weit von seinem alten Reich entfernt. Seine Wunden sind verheilt und er lebt wie alle Einzelgänger. Irgendwie muss er auf sich gestellt überleben und Kämpfen mit Rudelführern möglichst aus dem Weg gehen. Einen Großteil seiner Zeit verbringt er damit, die Duftmarken zu prüfen, die andere dominante Männchen in ihrem Territorium gesetzt haben. Er achtet auf jedes Zeichen der Schwäche – irgendetwas, das ihn ermutigen könnte, einen Rudelführer herauszufordern. In regelmäßigen Abständen überprüft er auch die Duftmarken der beiden Brüder.

Als der Terrorvogel noch etwa hundert Meter von der Herde entfernt ist, springt er auf und stürmt auf die Herde los

Sein größtes Problem besteht darin, allein auf Beutefang gehen zu müssen. Smilodonten sind nicht besonders schnell und auch das Anschleichen beherrscht Halbzahn nicht so gut wie die Weibchen. Nachdem er dem Gürteltier eine Weile bei der Arbeit zugesehen hat, macht er sich davon. Eine kleine Pferdeherde in der Nähe ist sein Ziel. Ihm ist jedoch noch etwas anderes aufgefallen. Im Gras hockt ein großer *Phorusrhacos*, der ein Auge auf eines der kleineren Fohlen geworfen hat. Als der Terrorvogel noch etwa hundert Meter von der Herde entfernt ist, springt er auf und stürmt auf die Herde los. Die Tiere stieben in alle Richtungen auseinander, aber dank seiner Schnelligkeit ist der Jäger bald auf ihrer Höhe. Er konzentriert seine Bemühungen auf ein Muttertier und ihr Junges. Auch wenn sie sich alle Mühe geben, Haken zu schlagen und auszuweichen, gelingt es dem gefiederten Ungeheuer, das Hinterbein des Fohlens zu packen und es zu Boden zu reißen, fort von seiner Mutter. Der *Phorusrhacos* presst das kleine Pferd mit seinen Füßen ins Gras. Die Mutter bleibt in einiger Entfernung

Der Schnabel des riesigen Terrorvogels *Phorusrhacos* unterscheidet sich von dem des *Gastornis*, der eher wie eine Axt funktionierte. Er ähnelt dem der heutigen Raubvögel wie dem Adler und eignet sich hervorragend dazu, Fleischstücke aus einem Kadaver zu reißen.

Streit um die Beute
Zwei Terrorvögel kämpfen um die Leiche eines kleinen hippidiformer Pferdes.

stehen. Sie hat keine Chance, ihr Junges zu retten. Aber die Todesangst des Fohlen dauert nicht lange – schon hat ihm der Vogel mit seinem gigantischen Schnabel das Genick gebrochen. Bald bekommt der Jäger Gesellschaft eines anderen Terrorvogels, der ihm die Beute streitig macht.

All das hat Halbzahn beobachtet, während er langsam hinter den Terrorvögeln hertrottete. Die beiden haben gerade einmal ein paar Bissen von ihrer Beute verschlungen, als der Säbelzahntiger ihnen entgegentritt. Das kann er gut – andere Raubtiere von ihrer Beute vertreiben, auch wenn es meistens die Weibchen seines eigenen Rudels sind. Er brüllt und stellt seine Fangzähne zur Schau. Einer der Vögel versucht den Kadaver aufzuheben und damit davonzulaufen, aber er ist zu schwer. Sie kreischen entrüstet auf, bevor sie sich zurückziehen, und die Katze kann sich ganz allein dem Fohlen widmen. Ein guter Tag für Halbzahn.

Das Regime zerbricht Nach einer monatelangen Hitzewelle sind die Steppen völlig ausgetrocknet. Eine Staubwolke zeigt die Stelle an, wo ein Gürteltierweibchen nach Wurzeln gräbt. Ihre drei rosafarbenen Jungen stehen neben ihr. Sie hat erst vor kurzem das Nest verlassen, denn der Panzer ihrer Kinder ist mittlerweile hart und sie können sich so behände bewegen, dass sie keine Angst vor dem Angriff kleinerer Raubtiere zu haben brauchen. Aber vor Ungeheuern wie dem Terrorvogel muss ihre Mutter sie noch schützen.

Im Moment sind die ortsansässigen Phorusrhaciden jedoch abgelenkt. Das Kliff-Rudel hat gerade eine große *Macrauchenia* erlegt und die Vögel warten, bis sie an der Reihe sind. Das Rudel ist auf der Höhe seiner Stärke, die Brüder haben sich mit allen Weibchen gepaart; Junge sind jedoch noch nicht geboren. Die Weibchen fressen, während die Männchen etwas abseits sitzen und sich das blutbespritzte Fell lecken. Die Dinge scheinen sich unter dem neuen Regime bestens zu entwickeln, aber das soll sich schnell ändern.

Staubbad
Tiere einer *Macrauchenia*-Herde wälzen sich auf der Erde, um sich von Parasiten zu befreien.

Die Jagd hat nicht weit von den Bäumen am Fuße des Kliffs stattgefunden. Aufgrund der Trockenheit ist Nahrung für alle Tiere knapp geworden, auch für die Riesenfaultiere. In den offenen Wäldern über und unter den Kliffs gibt es viele dieser zotteligen Wesen, und eines hat die Beute der Säbelzahntiger gewittert. Eigentlich reichen ihm Blätter, Borken und Wurzeln, aber unter diesen Umständen frisst er auch Aas.

Langsam geht das *Megatherium* durch die flimmernde Hitze auf das Rudel zu. Manchmal bleibt es stehen und wittert. Die Brüder bemerken es als Erste und springen auf. Auf ihre Rufe hin beenden die Weibchen ihr Mahl. Als das Faultier näher gekommen ist, richtet es sich auf. Auf die Herausforderung durch die Männchen reagiert es mit einem Brüllen.

Die Weibchen sind nervös geworden und weichen von dem Kadaver zurück. Die Brüder halten jedoch die Stellung. Vielleicht hoffen sie darauf, dass das *Megatherium* einfach einen Bogen um ihr hart erarbeitetes Mahl macht. Aber das Faultier kommt direkt auf sie zu. Die Smilodonten täuschen Angriffe vor, sie richten ihre Rückenhaare auf und zeigen die Säbelzähne. Aber es nutzt alles nichts – das Faultier lässt sich nicht stoppen. Plötzlich rutscht einer der Brüder in einem Sandloch weg und landet ausgestreckt vor dem Angreifer. Mit einer Schnelligkeit und Kraft, die man kaum vermutet hätte, schlägt das Faultier mit seinen langen Armen zu. Das *Smilodon* schreit vor Schmerzen auf, als es von den Klauen getroffen wird. Es rollt zur Seite, aber das Faultier beugt sich vor und lässt seine gefährliche Waffe ein zweites Mal herunterkrachen. Der Säbelzahntiger bleibt hilflos liegen und das rasende Faultier schlägt auf ihn ein, bis er sich nicht mehr bewegt.

Der Rest der Herde, auch der andere Bruder, hat sich mittlerweile zurückgezogen. Das Faultier zerrt am toten Körper des Männchens und schlurft auf den Kadaver der *Macrauchenia* zu. Er setzt sich und reißt mit seinen kräftigen Armen Fleischfetzen aus dessen Flanke. Das Rudel, das nun über einen Kilometer entfernt ist, kann nur noch zusehen. Der Bruder ist nun allein, wahrscheinlich das erste Mal in seinem Leben.

Kurz bevor die Dunkelheit hereinbricht, macht sich das Faultier davon und die kleineren Aasfresser, darunter auch sechs Phorusrhaciden, ergreifen die Gelegenheit. Der Kadaver des Pferdes gibt nicht mehr viel her, aber neben ihm liegt ja noch die Leiche eines männlichen Säbelzahntigers.

Die gefährlichste Waffe der Pampas-Ebenen sind die Klauen des Riesenfaultiers. Sie dienen zwar in der Hauptsache dazu, Zweige abzuknicken und Borken abzureißen, aber das *Megatherium* kann mit ihnen auch einen Säbelzahntiger töten.

Keine Gegner
Wenn sich ein Riesenfaultier entschließt, seinen Speiseplan durch Aas zu ergänzen, ziehen selbst die mächtigen Säbelzahntiger den Kürzeren.

Die Mutter aller Faultiere

Der Rivale der Dinosaurier
Besonders beeindruckend am Skelett des *Megatherium* sind die massiven Knochen, die man durchaus mit denen der Dinosaurier vergleichen kann.

Riesenfaultiere waren wohl die ungewöhnlichsten Säugetiere, die je gelebt haben, und sie streiften noch bis vor wenigen Jahrtausenden durch Nord- und Südamerika. Für den Wissenschaftler der Zukunft werden sie also quasi unsere Zeitgenossen sein. Das erste Skelett eines *Megatherium* wurde Ende des 18. Jahrhunderts im Gebiet des heutigen Argentinien gefunden. Es wurde nach Madrid geschickt und dort ganz richtig als Edentate klassifiziert, als Zahnloser – eine Gruppe von Tieren, die außer den Faultieren auch Gürteltiere und Ameisenbären umfasst. Der amerikanische Präsident

Das Riesenfaultier ging hauptsächlich aufrecht auf den Hinterbeinen. In der Tat gibt es kaum Fährten, die eine andere Gangart zeigen

Thomas Jefferson sah eine Zeichnung des argentinischen Exemplars und bemerkte sofort, dass es einem Tier ähnelte, das man in Virginia/USA gefunden und ursprünglich für einen Riesenlöwen gehalten hatte. Auch in den Asphaltsümpfen von Rancho La Brea in Kalifornien stieß man auf hervorragend erhaltene Exemplare verschiedener Arten von Faultieren.

Zu den häufigsten Fossilien, die in Rancho La Brea gefunden wurden, gehören winzige, kieselähnliche Hautknöchelchen.

Lustiger Verwandter (OBEN)
Wenn man die heutigen Baumfaultiere sieht kann man sich kaum vorstellen, wie beeindruckend das Riesenfaultier gewesen sein muss.

Fußspuren (LINKS)
Wie diese Abdrücke zeigen, ging das Riesenfaultier aufrecht.

In einer Höhle in Südamerika hat sich die mumifizierte Haut eines Faultiers erhalten und es zeigte sich, dass die winzigen Knochen in der Haut eine Art Kettenpanzer bildeten, der das Tier fast vollständig vor den Zähnen oder Krallen eines Angreifers schützte. Aber man fand nicht nur Knochen, sondern in trockenen Höhlen im Südwesten der USA zudem riesige Krallen sowie große Mengen an Kot, sodass wir heute genau wissen, welche Nahrung die Faultiere in der jeweiligen Region gefressen haben. In den Extrementen konnte man 72 verschiedene Pflanzenarten identifizieren, was vermuten lässt, dass sie nicht wählerisch waren.

Man hat auch fossile Fährten des *Megatherium* gefunden und es scheint, als seien die Tiere hauptsächlich aufrecht auf den Hinterbeinen gegangen. In der Tat gibt es kaum Fährten, die eine andere Gangart zeigen. Das Riesenfaultier muss fast 4 Tonnen gewogen haben, was bei aufrechtem Gang eine enorme Belastung für das Skelett bedeutet hat. Darüber hinaus haben die Fußspuren die Form eines Kommas, mit einem aufgeworfenen Schlammwall am äußeren Rand, was beweist, dass die Faultiere auf der Fußkante gegangen sind mit nach innen gekrümmten Zehen, so wie die heutigen Ameisenbären. Aber welchen Vorteil diese Gangart hatte, ist bis heute ein Geheimnis.

Lang lebe der König Mehrere Monate sind vergangen, seit Halbzahn von den Brüdern vertrieben wurde, und er hat sich relativ gut durchgeschlagen. Er konnte den meisten Konfrontationen mit anderen Säbelzahntigern aus dem Weg gehen und hat genug gefressen, um stark und ausdauernd zu bleiben. In den letzten Wochen ist ihm eine Veränderung der Duftmarken aufgefallen, die der überlebende Bruder hinterlassen hat. Zum ersten Mal hat er eigene Duftmarken in seinem alten Territorium gesetzt – eine Herausforderung. Mit jedem Tag wird er mutiger und wagt sich immer tiefer in das Gebiet seines alten Rudels vor.

Die Weibchen bekommen von all dem nichts mit. Sie ruhen im Schatten einiger Palmen, etwa zwei Kilometer vom Kliff entfernt. Alle vier sind trächtig. Sie beobachten, wie ein *Doedicurus*-Weibchen seine Jungen gegen zwei Phorusrhaciden verteidigt. Einem der Vögel ist es gelungen, ein quiekendes Jungtier beim Schwanz zu packen. Er versucht es fortzuziehen, um ungestört seinen tödlichen Hakenschnabel in die gepanzerte Haut seines Opfers zu versenken. Aber das Weibchen schlägt mit seinem stachligen Schwanz immer wieder zornig nach den Angreifern. Die Vögel müssen befürchten, dass ihnen mit einem dieser Hiebe das Bein gebrochen wird, und mit dem schweren Jungen im Schnabel können sie nicht entkommen. Schließlich, nachdem sie ihre vermeintliche Beute mehrere Male fallen gelassen und wieder gepackt haben, geben die Vögel auf. Mit Blut und Dreck bespritzt kehrt das Junge an die Seite seiner Mutter zurück.

Unterdessen hat Halbzahn beschlossen, sich zu zeigen. Er wartet in einem Kilometer Entfernung. Unter anderen Umständen wäre es unmöglich für ihn gewesen, die Herrschaft über sein altes Rudel zurückzugewinnen, aber nachdem einer der Brüder tot ist, hat sich das Kräfteverhältnis entschieden gewandelt. Zudem ist Halbzahn etwas größer als der überlebende Bruder.

Der Herausforderer wendet sich einem kleinen, mit Erlen und Weiden bewachsenen Tal zu, wo es ein Wasserloch gibt. Der Bruder stößt tiefe Droh-

Alte Feinde
Als Reaktion auf ein Leben unter dem Regime der Terrorvögel hat das Riesengürteltier einen Panzer ausgebildet, der es vor den Angriffen der Vögel schützt.

Opfer der Mode

Die ersten Publikumsrenner
Glyptodon und *Megatherium* zogen lange vor den Dinosauriern die Massen an, so wie hier 1806 im Hunterian Museum in Glasgow.

Heute gibt es nur noch wenige naturhistorische Museen, die Skelette von Riesensäugetieren ausstellen, aber das war einmal anders. Lange bevor Dinosaurier so beliebt wurden, waren Mammuts und Nashörner fast überall zu bestaunen. Die erste große Attraktion kam jedoch aus Südamerika. 1787 wurde das Skelett eines Riesenfaultiers von Argentinien nach Madrid verschifft. Es war eine Sensation und Anfang des 19. Jahrhunderts suchten Museen aus aller Welt in Südamerika nach eigenen Exemplaren. Kurz darauf fand man in Ablagerungen des Känozoikums in Nordamerika Säugetierknochen längst ausgestorbener Tiere wie Brontotherien, Entelodonten und Hyaenodonten.

Dinosaurier-Sieg
In Arthur Conan Doyles fiktiver vergessener Welt tauchen viele urtümliche Säugetiere auf, aber die wahren Helden des Romans waren die Dinosaurier. (Illustration aus der Erstausgabe des Buches)

In den 70er Jahren des 19. Jahrhunderts waren die Museen bis unters Dach mit den Skeletten der Riesensäuger gefüllt. Die Nachfrage war so groß, dass ein Museum für den Erwerb eines einzigen *Megatherium*-Skeletts mehrere Jahresbudgets ausgeben musste. Angesichts der Zuschauermassen, die solche Fossilien anlockten, schienen vielen die Preise angemessen. Aber die Dinosaurier konnten nicht ewig unbemerkt bleiben und für das Publikum zählte vor allem die Größe. Ende des 19. Jahrhunderts brachte die Knochensuche im amerikanischen Westen komplette Sauropoden-Überreste zutage, die in den ersten Jahrzehnten des 20. Jahrhunderts ihren Weg in die Museen fanden. Das Publikum liebte sie und von da an standen Dinosaurier-Skelette in fast allen naturhistorischen Museen im Rampenlicht. 1912 veröffentlichte Arthur Conan Doyle seinen Roman *Die vergessene Welt*, in dem sowohl Riesensäuger als auch Dinosaurier vorkommen, aber er wusste genau, wer bei seinen Lesern besser ankam. Sozusagen als Revanche für ihre Auslöschung in der Kreidezeit hatten die Dinosaurier die Riesensäuger als Publikumslieblinge verdrängt. Schließlich wanderten die Skelette der Säuger in die Keller der Museen, Relikte einer vergangenen Zeit, im doppelten Sinn.

rufe aus, aber Halbzahn reagiert nicht. Er weiß, dass er gesehen worden ist, will aber die Konfrontation im Beisein der Weibchen vermeiden. Nach einer Weile pirscht sich auch der Bruder an das Wasserloch heran, um den Herausforderer zu stellen.

Der Kampf ist brutal und kurz. Halbzahn wartet mit gefletschten Zähnen beim Wasser. Der Bruder greift als Erster an. Halbzahn erhebt sich auf die Hinterbeine, versetzt seinem Kontrahenten einen Hieb und geht mit ihm zu Boden. Beide Tiere haben sich tiefe Wunden an den Flanken und Schultern zugefügt. Sie trennen sich und fauchen einander an, in eine Staubwolke gehüllt. Halbzahn stürzt sich auf den Bruder. Mit einem enormen Satz gelingt es ihm, mit dem Maul die Vorderpfote seines Gegners zu packen und ihn mit den Tatzen auf den Boden zu drücken. Erneut lassen sie voneinander ab, aber der Bruder weicht bereits zurück, in dem verzweifelten Bemühen, den Angriffen Halbzahns zu entgehen. Der Herausforderer nutzt seinen Vorteil und der Bruder muss davonlaufen. Nach einer kurzen Verfolgungsjagd wird klar, dass Halbzahn gewonnen hat. Er bleibt stehen und stößt einige Siegesschreie aus. Der Bruder ist schwer verletzt. Seine Vorderpfote ist aufgerissen und einer der Säbelzähne vollständig abgebrochen. Halbzahn brüllt dem geschlagenen Tier hinterher – auch er ist nicht ohne Verwundungen davongekommen, aber sie sind bei weitem nicht so schwer. Außerdem hat er nun wieder ein Rudel, das für ihn jagen kann.

Das Rudel zeigt keinerlei Anzeichen, dass es Halbzahn wieder erkennt. Die Weibchen tragen die Jungen der Brüder aus und trotz Halbzahns früherer Rolle ist er für sie nur ein weiteres Männchen, das sie daran hindern könnte, ihre Jungen großzuziehen. Halbzahn muss sich erst mit dem Rudel arrangieren, aber wenn er Glück hat und seine Herausforderer besiegt, kann er vielleicht noch zehn Jahre hier bleiben. Er lässt sich etwa hundert Meter entfernt von den Weibchen nieder – er hat es nicht eilig.

Triumphale Rückkehr

(FOLGENDE DOPPELSEITE)

Halbzahn (rechts) schlägt seinen Rivalen in die Flucht. Diesmal haben beide Gegner überlebt, doch es kommt häufig vor, dass im Kampf um eine Beute oder das Territorium einer der Kontrahenten getötet wird.

6 Die Reise der Mammuts

Unsere Welt vor 30.000 Jahren

Alles deutet darauf hin, dass dies eine der bislang schlimmsten Eiszeiten ist. Über eine Million Jahre lang war die Erde heftigen Klimaschwankungen ausgesetzt. Auch wenn die Temperatur in den Tropen relativ beständig bleibt, führen wechselhafte Niederschläge dazu, dass sich die Wälder immer wieder ausbreiten oder zurückziehen. Um die Pole herum, besonders im Norden, breiten sich mit jeder Eiszeit die Eiskappen über die Kontinente aus, schleifen die Landschaft mit ihren Gletschern ab und schaffen trockene, kalte Tundren und Steppen. Erstaunlicherweise passt sich jedoch das Leben diesen harten Bedingungen an. Gräser, Seggen und einige Bäume nutzen die kurzen Sommer zu ihrem größtmöglichen Vorteil. Große Pflanzenfresser wie das Bison und das Wollnashorn haben sich ein dickes Fell zugelegt und Raubtiere wie der Löwe werden im Winter schneeweiß, sodass sie unbemerkt durch die vereiste Landschaft schleichen können. Es gibt jedoch ein Tier, das wie kein zweites Anpassungsfähigkeit und Durchhaltevermögen selbst unter schwierigsten Bedingungen verkörpert – das Mammut. Tausende von Herden bevölkern die nördlichen Kontinente und weiden auf den Steppen. Das Leben ist hart, aber diese Tiere scheinen wie geschaffen dafür.

Mitte August Im Licht der niedrig stehenden Sonne werfen die Hügel der Steppe lange Schatten. Es ist ein warmer Abend und die Luft ist erfüllt von tanzenden Mückenschwärmen. Zwischen dem dichten Grasbewuchs sprießen Seggen, Bärlapp und Zwergbäume. In den Tälern erheben sich hier und dort Gruppen von Lärchen und Erlen. Hier weiden auch Bisons, Pferde und Rentierherden. Eines Tages wird das ganze Gebiet von der Nordsee überflutet werden, aber jetzt zeigt sich hier der Sommer in seiner ganzen Pracht. Doch diese scheinbar so freundliche Landschaft verbirgt ihr wahres Gesicht hinter den Farben des Augusts. Im Norden erstreckt sich eine riesige Eisschicht und in wenigen Wochen werden die Temperaturen drastisch sinken. Dann folgt der lange Winter der Eiszeit. Nur die widerstandsfähigsten Pflanzen können hier überleben. Sie müssen die langen Monate der

Und jetzt alle zusammen …
(VORHERIGE DOPPELSEITE)
Mammutherden bestehen zumeist aus acht oder neun Tieren, doch wenn sie im Sommer nach Norden ziehen, um dort zu grasen, kommen Tausende von ihnen zusammen.

eisigen Kälte ruhend überstehen und während der kurzen Sommerzeit fällt nur wenig Regen. Für die meisten der Tiere, die sich jetzt hier aufhalten, ist dies kein ständiges Revier; sie sind lediglich Sommergäste, die die neuen Weideflächen so lange wie möglich nutzen.

Jedes Jahr folgen Raubtiere und Aasfresser den Herden der Pflanzenfresser. Einer dieser Aasfresser ist der Mensch. Unterhalb eines lang gezogenen Bergkamms hockt eine Gruppe bei einem Rentierkadaver, den ein Wolfsrudel zurückgelassen hat. Im Licht der Dämmerung klingt ihr typisches, gutturales Brummen durch das Tal, während sie damit beschäftigt sind, sich an dem übrig gebliebenen Fleisch des Rentiers gütlich zu tun. Von ihren afrikanischen Vorfahren haben sie die Fähigkeit zum Herstellen einfacher Steinwerkzeuge geerbt, sodass es ihnen leicht fällt, das Fleisch von den Knochen zu schaben. Sie sind so vertieft in ihr Tun, dass sie die drohende Gefahr gar nicht bemerken.

Auf dem Kamm taucht die unverkennbare Silhouette eines Mammut-Weibchens auf. Die alte Matriarchin führt eine kleine Herde von acht jünge-

Homo Sapiens

Der moderne Mensch, dessen Skelett mit dem unseren identisch ist, taucht in Europa vor etwa 40.000 Jahren auf, nachdem er sich vom Mittleren Osten und Nordafrika aus verbreitet hat. Neben Überresten von Hütten wurden beeindruckende Schnitzereien und Malereien, ja sogar Schmuck gefunden. Unter den Schnitzereien befinden sich menschliche Gestalten, die gewebte Kleidung tragen. In Grabstätten wurden Leichen entdeckt, die mit Elfenbeinperlen bedeckt waren. Wahrscheinlich waren sie auf Bekleidungsstoff genäht, der sich im Laufe der Zeit aufgelöst hat.

NACHWEIS: Der moderne Mensch breitete sich relativ rasch vom Mittleren Osten über Südeuropa aus und hinterließ Lagerplätze, Höhlenmalereien sowie Knochen.

GRÖSSE: Männer 1,85 Meter, Frauen 1,7 Meter.

NAHRUNG: Der Mensch war hinsichtlich seiner Nahrung sehr anpassungsfähig. Er aß Früchte und Gemüse, aber auch Fleisch. Allerdings lässt fast jede Lagerstätte auf andere Vorlieben schließen, wobei Hasen und Kaninchen zu den bevorzugten Beutetieren zu gehören schienen.

ZEIT: Vor etwa 100.000 Jahren bis heute.

Trügerische Schönheit
Für Tiere und Pflanzen sind die karge Graslandschaft und die eisigen Wälder der Polregionen ein erbarmungsloser Lebensraum.

Leben im Eiskeller

In den letzten Hunderttausenden von Jahren hat sich das Klima auf der Erde von dem eines Treibhauses zu dem eines Eiskellers gewandelt. Die so genannte Eiszeit besteht im Grunde aus einer ganzen Reihe extrem kalter Perioden, bis heute etwa 200 größere, zwischen denen sich kalte Zeiten mit wärmeren Zwischenphasen abwechseln. Die ersten Zyklen dauerten etwa 40.000 Jahre, gegen Ende der späteren Eiszeiten waren es bereits 100.000 Jahre. Die durchschnittliche Jahrestemperatur fiel zwar nur um einige Grad, aber schon dadurch schoben sich kilometerdicke Eisflächen über den Erdball. In der nördlichen Hemisphäre reichten sie bis nach London und New York, während sich in den höheren Regionen separate Eisdecken bildeten, wie in den Anden, den Alpen, dem Himalaya und den Rocky Mountains.

Dieser ständige Wechsel von kaltem und warmem Klima hatte große Auswirkungen auf die Tier- und Pflanzenwelt. Besonders deutlich wird das in Europa, Asien und Amerika. Vor den Eiszeiten bestand die Fauna der nördlichen mittleren Breiten aus den unterschiedlichsten Arten. Überall grasten große Herden, darunter Pferde und Hirsche.

Die durchschnittliche Jahrestemperatur fiel zwar nur um einige Grad, aber schon dadurch schoben sich kilometerdicke Eisflächen über den Erdball

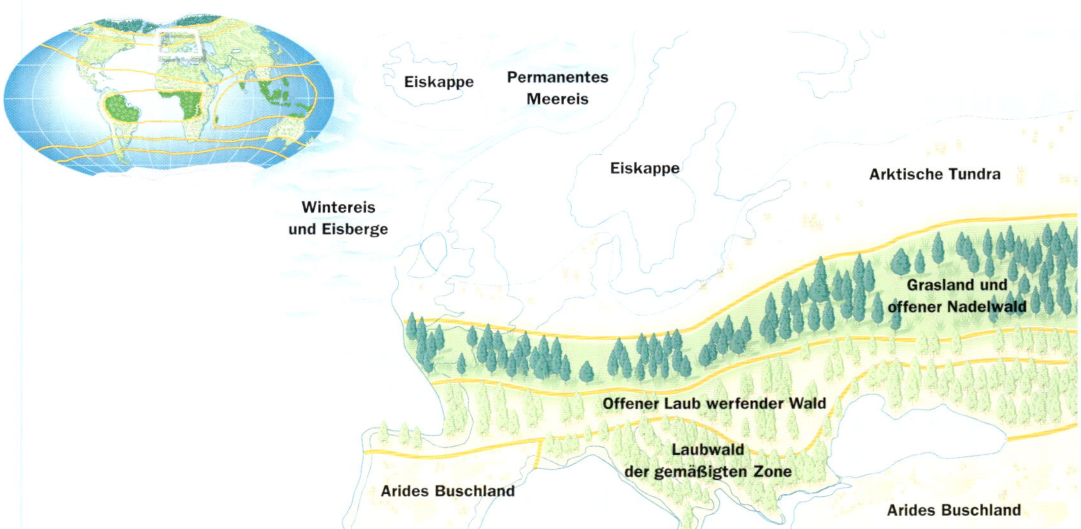

Der Teufel steckt im Detail
Vor 30.000 Jahren hatten die Kontinente bereits in etwa ihre heutige Ausformung. Doch mitten in der letzten Eiszeit war der Meeresspiegel durch das in den Eisdecken gebundene Wasser viel niedriger. Betrachtet man Nordeuropa genauer, wird deutlich, wie anders die Welt damals aussah: St. Petersburg, Oslo und London waren von ewigem Eis bedeckt, Arktische Tundra erstreckte sich über das Gebiet der Niederlande, es gab weder die Nordsee noch den Ärmelkanal und vor Irland trieben Eisberge.

Es gab schnellfüßige Raubtiere und Aasfresser wie Großkatzen, Hunde und Wölfe als auch riesige Pflanzenfresser wie Elefanten, Nashörner und Flusspferde.

Während der ersten Eiszeiten wurden die meisten dieser Tiere auf der Suche nach Wärme und Nahrung weiter nach Süden getrieben. Viele jedoch kehrten im Laufe der Zeit wieder zurück und passten sich der Kälte an, indem sie sich ein warmes Fell und Fettschichten zulegten. Besonders galt das für das Mammut und das Wollnashorn, aber auch für kleinere, Fleisch fressende Tiere wie Füchse, Kaninchen, Katzen, Pferde und Bisons. Zudem zogen manche Arten im Sommer nach Norden und im Winter nach Süden, um die großen Temperaturunterschiede zwischen den Jahreszeiten zu bewältigen. So entstand ein ganz neues ökologisches System, in dem Herden von Hirschen, Pferden und Mammuts durch eine spärlich bewaldete Landschaft wanderten, gefolgt von den Raubtieren. Schließlich gesellten sich auch die Primaten *Homo erectus, Homo neanderthalensis* und *Homo sapiens* zu ihnen.

Die Auswirkungen der Eiszeiten beschränkten sich nicht auf die äußersten Kappen der Nord- und Südhalbkugel. Jedes Mal wenn die Eisschichten anwuchsen, saugten sie wertvolle Wärme und Feuchtigkeit aus der Atmosphäre und den Ozeanen. Wälder, die den Regen brauchten, schrumpften und zogen sich an Stromgebiete und Küstenregionen zurück, während sich die Wüsten ausbreiteten.

Vor etwa 300.000 Jahren begann das Aussterben einst in großer Zahl vorhandener Säugetiere. Auch wenn wir uns heute in einer warmen und relativ stabilen Zwischenperiode befinden, wird das Erdklima nach wie vor von Eiszeitzyklen bestimmt. Unsere Nachfahren könnten eines Tages durchaus mit der Bedrohung durch sich ausdehnende Eismassen konfrontiert werden.

Gute Tarnung (LINKS)
Der in der Arktis lebende Polarfuchs hat im Winter ein weißes und im Sommer ein graubraunes Fell.

Sesshafter Dickkopf (RECHTS)
Bisons gehören zu den großen Säugern, die im Winter nicht fortziehen. In der letzten Eiszeit hat es ihm das Wollnashorn wahrscheinlich nachgetan.

Mammut
Diese prächtigen Tiere, die sinnbildlich für die Eiszeit stehen, waren in den ausgedehnten Graslandschaften der nördlichen Hemisphäre die dominanten Pflanzenfresser. Es gab verschiedene Arten, wobei die »wollige« Spezies (*Mammuthus primigenius)* behaarter und etwas kleiner als ihr südlicher Verwandter war (das *Mammuthus columbii* in Kapitel 3).
NACHWEIS: Knochen und gefrorene Kadaver wurden in Irland, Mitteleuropa und Russland sowie an der Ostküste Nordamerikas gefunden. Die am besten erhaltenen Überreste entdeckte man in Sibirien.
GRÖSSE: Männchen 3 Meter, Weibchen 2,7 Meter hoch.
NAHRUNG: Gräser und Seggen, auch Zweige.
ZEIT: Vor 135.000–11.000 Jahren.

ren Tieren an. Als sie die Menschen erblickt, reckt sie drohend die langen, gebogenen Stoßzähne in die Luft und geht geradewegs auf die Gruppe zu. Einen Augenblick lang wägen sie ihre Chancen ab. Wenn sie den Kadaver mitschleppen, hat das Mammut sie auf der offenen Steppe schnell eingeholt. Als die Matriarchin noch einmal deutlich macht, dass sie keine Menschen in der Nähe ihrer Herde dulden wird, suchen sie das Weite. Eigentlich stellen sie für ein Mammut keine Bedrohung dar, aber als der Rest der Herde den Hügel überquert, wird der Grund für die Besorgnis schnell klar. An der scheckigen Flanke seiner Mutter trottet ein kleines Kalb. Die Menschen haben ausgeklügelte Jagdmethoden entwickelt und oft gelingt es ihnen, ein jüngeres Tier von der Herde zu trennen. Doch an diesem Abend sind sie satt geworden und müssen kein Risiko eingehen.

Die Herde beachtet den Kadaver gar nicht, sondern widmet sich sogleich ihrer wichtigsten Aufgabe – der Nahrungsaufnahme. Im Sommer verbringen die Mammuts oft ganze Tage und große Teile der Nächte damit zu weiden. Ein ausgewachsenes Mammut wiegt etwa 6–7 Tonnen und braucht am Tag etwa 180 Kilogramm Nahrung. Auch wenn es kaum eine Pflanze verschmäht und auch die Blätter und Borken der Bäume frisst, besteht seine Nahrung hauptsächlich aus Gras. Hier erweist sich das Mammut als wahrer Spezialist. Mit der Spitze seines Rüssels kann es einzelne Appetithäppchen wie eine Blume aufnehmen, es kann ihn aber auch um ein dickes Grasbüschel wickeln und dann herausreißen. Der Rüssel befördert die Nahrung in das Maul, in dem riesige Mahlzähne selbst die zäheste Steppenvegetation zerkleinern können. Während die anderen Mammuts voll und ganz mit dem Grasen beschäftigt sind, vergnügt sich das Junge auf andere Weise. Da es noch hauptsächlich von Muttermilch ernährt wird, hat es viel Zeit zum Spielen, aber auch viel Zeit, in Schwierigkeiten zu geraten.

In der Talsohle liegt ein kleiner See, der von besonders üppiger Vegetation umgeben ist. Langsam nähert sich die grasende Herde seinen sumpfi-

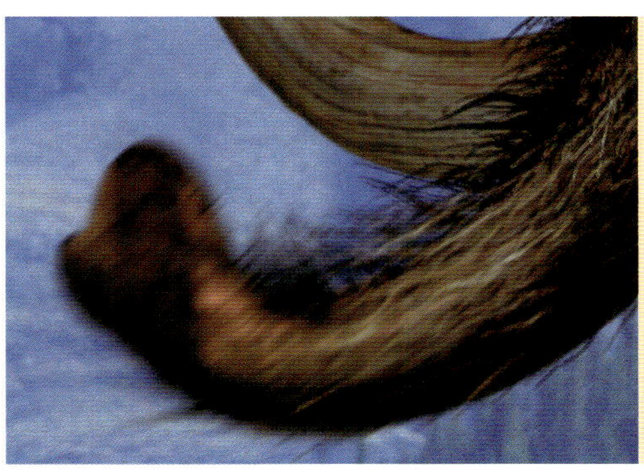

Der Rüssel des Mammuts eignet sich ideal zum Grasen. Das Tier kann ihn entweder um dicke Grasbüschel wickeln und sie herausreißen oder mit der Spitze nach einzelnen Pflanzen greifen.

Die Übermutter

Jede Mammutherde wird von einem alten Weibchen angeführt. Aufgrund ihrer Größe und Kraft brauchen die Tiere die jagenden Menschen im Hintergrund nicht zu fürchten.

gen Ufern. Plötzlich versinkt das Kleine, das seiner Mutter vorausgelaufen ist, im tiefen Schlamm. Es trompetet ängstlich, während sein kleiner Körper von dem dicken, kalten Schlick herabgezogen wird. In Sekundenschnelle sind seine Mutter, seine Tante und ein älterer Cousin zur Stelle, um ihm zu helfen. Bei dem Versuch, es zu befreien, sinken auch sie in den Schlamm, der ihnen jedoch nur bis zu den Knien reicht. Schon bald ist das junge Mammut wieder mit seiner Mutter vereint.

Bei Einbruch der Nacht kommt ein kalter Wind aus dem Norden auf. Der Sommer wird noch einige Wochen dauern, aber die eisige Brise kündet bereits härtere Zeiten an

Der Zusammenhalt der Herde ist stark, was nicht überrascht, weil alle Tiere miteinander verwandt sind. Die Matriarchin ist ungefähr 40 Jahre alt. Sie wird von ihrer 30-jährigen Schwester begleitet, der Mutter des Jungen, das gerade aus dem Schlamm gerettet wurde. Des weiteren gehören die drei Töchter der Matriarchin zur Herde. Zwei von ihnen sind erwachsene Weibchen, die dritte ist erst 4 Jahre alt. Außer dem Kleinen gibt es nur noch ein junges Männchen. Bald wird es groß genug sein, um davonzugehen und wie alle Mammutbullen ein Leben als Einzelgänger zu führen. Dann wird es sich auf die Suche nach empfängnisbereiten Weibchen in anderen Herden machen.

Bei Einbruch der Nacht kommt ein kalter Wind aus dem Norden auf. Der Sommer wird noch einige Wochen dauern, aber die eisige Brise kündet bereits härtere Zeiten an. In der Ferne flackern in der pechschwarzen Finsternis die Lagerfeuer einer Gruppe von Menschen und der Geruch brennender Mammutknochen hängt in der Luft. Das Wiehern eines Pferdes, das von Hyänen angegriffen wird, dringt zur Herde hinüber, aber all das stellt für die riesigen Tiere keine Bedrohung dar. Sie grasen ungerührt weiter.

Lebenslange Garantie
Ein weibliches Mammut, das 50 Jahre alt werden kann, bleibt von der Geburt an ihr Leben lang bei ihrer Herde.

September Während die Brunftzeit des *Megaloceros*, des Riesenhirsches, begonnen hat, sind die Temperaturen stark gefallen. Über Nacht ist der erste Pulverschnee gefallen und bedeckt die Wasserrinnen; in den nächsten fünf Monaten wird er nicht schmelzen. In wenig mehr als einem Monat hat sich die Landschaft völlig verändert. Die meisten Sommergäste sind fort und auch die Bison- und Rentierherden haben sich auf den Weg gemacht. Bald werden sich die Mammuts ihnen anschließen, aber noch versuchen sie, auf ihren sommerlichen Weidegründen Nahrung zu finden. Die Matriarchin fegt mit ihren Stoßzähnen den Schnee beiseite und reißt dicke Moosteppiche aus der Erde. Seit August hat sich das Fell der Mammuts der veränderten Jahreszeit angepasst. Es ist dunkler und länger geworden und hat die typische schokoladenbraune Farbe angenommen.

Inmitten von Dunstwolken wartet auf einem kahlen Hügel eine Herde weiblicher Riesenhirsche darauf, dass zwei riesige Männchen im Kampf entscheiden, wer sich mit ihnen paaren wird. Beide sind in bester Form und stoßen laute Rufe aus. Sie taxieren einander, während sie langsam den Hügel hinaufsteigen und versuchen, eine vorteilhafte Position einzunehmen. Die Hirsche sind fast gleich groß und gleich alt, beide tragen Geweihe von über 3 Metern Breite. Keiner von ihnen wird sich kampflos ergeben.

Als sie sich dem Gipfel nähern, geht eines der Tiere zum Angriff über und stößt sein Geweih krachend in das des anderen. Das hat sein Konkurrent erwartet und trägt nun seinen Teil dazu bei, dass sich die Geweihe ineinander verkeilen. Daraufhin beginnt eine unbarmherzige Kraftprobe. Immer wieder schleudern sie einander herum in dem Versuch, auf ihrem abschüssigen Schlachtfeld einen Vorteil zu erlangen. Ihre Schreie und das Klappern ihrer Geweihe hallen durch das Tal. Keiner der Riesenhirsche bemerkt, dass die Mammuts nicht die einzigen Lebewesen sind, die ihren Machtkampf beobachten. In einem Lärchenhain verbirgt sich eine Gruppe von Jägern. Die Menschen haben ein ganz eigenes Interesse an dieser Auseinandersetzung.

Megaloceros
Der *Megaloceros*, der Riesenhirsch, wird auf Englisch oft »Irischer Elch« genannt, auch wenn man ihn in ganz Europa gefunden hat und es sich eigentlich um einen Hirsch und nicht um einen Elch handelt. Eine absonderliche, frühe Theorie besagte, dass die mächtigen Geweihe den Megaloceriden zum Verhängnis wurden, weil sie schließlich so groß und schwer waren, dass die Tiere den Kopf nicht mehr heben konnten. Heute geht man davon aus, dass sie vor allem dem Imponiergehabe dienten.
NACHWEIS: Man hat sehr viele *Megaloceros*-Fossilien gefunden, insbesondere in den Torfmooren Irlands. Die meisten davon stammen von Männchen, die nach der herbstlichen Brunftzeit nicht mehr genügend Nahrung fanden. Sie sind auch auf Höhlenmalereien dargestellt, was Rückschlüsse auf die Farbe ihres Fells zulässt.
GRÖSSE: 2 Meter Schulterhöhe.
NAHRUNG: Gras und Pflanzen an Waldrändern.
ZEIT: Vor 400.000–9.500 Jahren.

Schließlich lassen die beiden Männchen voneinander ab. Es ist klar, wer gewonnen hat. Der bisherige Rudelführer, der seine Herde in dieser Saison wahrscheinlich schon drei- oder viermal verteidigen musste, ist vertrieben worden. Jetzt steht er schwer atmend vor dem Lärchenhain. Sein Körper ist von Wunden übersät und von der Anstrengung geschwächt. Darauf haben die Menschen nur gewartet. Normalerweise sind Riesenhirsche mit ihren imposanten Geweihen und einer Schulterhöhe von 2 Metern gefürchtete Gegner und Menschen wagen sich nur sehr selten an sie heran. Zu dieser Jahreszeit verhält es sich jedoch anders. Die Nahrung ist knapp, aber trotzdem müssen sich die Menschen wie alle anderen Lebewesen in dieser Gegend auch stärken, bevor sie nach Süden ziehen. Und nun, da der *Meglaoceros* vom Brunftkampf gezeichnet ist, scheint er leichte Beute zu sein.

Drei Menschen, die in Felle gehüllt sind und Speere in den Händen halten, nähern sich langsam dem besiegten Tier. Sie kommen von vorn und treiben den Hirsch auf die Bäume zu. Kurz vor dem Hain bleibt er stehen und macht sich zum Gegenangriff bereit, doch die Menschen werfen mit Steinen nach ihm. Dann trifft der erste Speer den *Megaloceros* in die Schulter. In Panik rennt das Tier in den Wald und verfängt sich mit dem Geweih in den Zweigen. Die Menschen stürmen auf ihn zu. Einen von ihnen erwischt er noch mit seinem Geweih, aber der Kampf ist aussichtslos. Mit ihren Speeren bringen die Jäger den Hirsch zu Fall, dann töten sie ihn.

Im Laufe des Tages ist der Wind immer stärker geworden, und während sich die Menschen um ihre Beute hocken, trifft die Mammut-Matriarchin eine Entscheidung: Es ist Zeit zu gehen. Aus dem Norden zieht noch mehr Kälte heran – dies ist das Signal, nach Süden zu ziehen. Im Gegensatz zu den Rentieren sind Mammuts keine echten Zugtiere, aber auch sie wollen den Winter nicht auf den offenen Ebenen verbringen. Im Süden gibt es geschützte Täler, in denen sie überwintern können. Während sich die Herde auf den Weg macht, taucht im Süden ein Rudel Wölfe auf. Es hat Blut gewittert und hofft, etwas vom Kadaver des *Megaloceros* abzubekommen.

In die Enge getrieben
Im Teamwork ist es den Menschen gelungen, diesen männlichen Riesenhirsch mit seinem 3 Meter breiten Geweih einzukreisen, um ihn zu töten.

Auf dem Weg zu neuen Weidegründen
Bei Temperaturen von minus 30 Grad wandert die Herde durch Schneestürme zu den geschützten Tälern im Süden, um dort zu grasen.

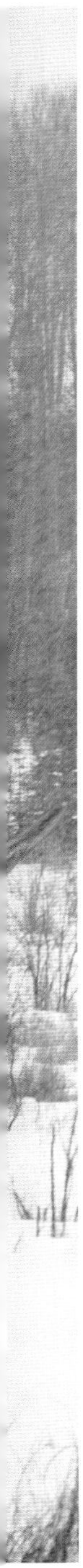

Oktober Die offenen Steppen sind ebenso verlassen wie die aus Mammutknochen errichteten Hütten der Menschen. Weit und breit sieht man nur noch vereinzelte Moschusochsen, die unter dem Schnee nach Moos kratzen. Auf ihrer Wanderung gen Süden werden die Mammutherden jeweils von einer Leitkuh geführt, die den Weg kennt. Unsere Herde hat schon ein gutes Stück ihrer Strecke zurückgelegt – die Anführerin ist diesen Weg schon an die vierzigmal gegangen und weiß, in welchen Tälern man am besten überwintern kann. Eines der jüngeren Weibchen ist trächtig, und da die Schwangerschaft eines Mammuts zwei Jahre dauert, ist es das dritte Mal, dass sie diese Reise mit einem Kind im Bauch unternimmt. Aber ihr wird der lange Marsch nicht so schwer fallen wie dem kleinsten Mammut der Herde. Es ist erst gegen Ende des Frühlings auf die Welt gekommen und musste noch nie so weit wandern oder über lange Zeit niedrige Temperaturen ertragen. Seine Mutter hält sich dicht neben ihm, aber sie sind nicht so schnell wie die anderen und fallen immer wieder zurück.

Nach einigen Kilometern kommt von Westen her ein Sturm auf; die Mutter muss anhalten und Schutz für ihr Kind suchen. Als der Sturm nachlässt, ist die Herde schon weit voraus. Sie ruft nach ihr, aber die anderen hören sie nicht mehr. Nun liegt es an ihr allein, das Jungtier in Sicherheit zu bringen. Da verrät eine fast unmerkliche Bewegung auf einem Hügelkamm einen Räuber. Die Mutter kann ihn nicht sehen, jedoch riechen – es ist ein Höhlenlöwe. Weitaus größer als seine afrikanischen Verwandten, ist er das gefährlichste Raubtier in dieser Gegend. Mit bepelzten Pfoten und weißem Fell bewegt sich der Löwe wie ein Geist über die verschneiten Hügel. Er beobachtet die Mammuts und wartet auf eine Gelegenheit, das Junge zu erlegen. Doch als er einmal zu nahe kommt, greift ihn die Mutter sofort an. Er weicht zurück – trotz seiner Größe und Stärke würde er es niemals mit dem riesigen Beschützer des kleinen Mammuts aufnehmen können. Er muss auf eine Situation hoffen, in der das Kleine von seiner Mutter

Europäischer Höhlenlöwe
Während es sie in Afrika schon seit mindestens 3,5 Millionen Jahren gibt, tauchten sie in Europa erst vor 900.000 Jahren auf, wo sie sich schnell verbreiteten. Der europäische Höhlenlöwe ist etwas größer als seine afrikanischen Verwandten. So war er wahrscheinlich in der Lage, auf den großen Steppen auch größere Pflanzenfresser wie das Bison zu jagen. Höhlenmalereien von Löwen lassen vermuten, dass sie keine Mähne und keine Quaste am Schwanzende hatten. Vielleicht handelt es sich bei den Darstellungen aber auch um Weibchen.
NACHWEIS: Überreste fand man in ganz Europa, insbesondere in Geilenreuth/Deutschland und Wierzchowskiej Gornej/Polen.
GRÖSSE: Etwa 1,5 Meter Schulterhöhe.
NAHRUNG: Pferde, Hirsche und Bisons.
ZEIT: Vor 900.000–10.000 Jahren.

getrennt ist. Unterdessen hat diese aufgehört zu rufen und geht unschlüssig weiter.

Die Herde hat mittlerweile andere Sorgen. Das junge Männchen ist durch eine Eisdecke gebrochen und ins eiskalte Wasser gesunken. Die anderen Tiere stehen um es herum, aber sie können ihm nicht helfen, weil sie andernfalls Gefahr laufen, dass sie das gleiche Schicksal ereilt. Das junge Männchen steht bis zu den Schultern im Wasser, und da es von Schlamm und zerborstenem Eis umgeben ist, kann es sich aus seiner misslichen Lage nicht befreien. Sein durchnässtes Fell macht es noch schwerer und unbeweglicher. Eines der Mammut-Weibchen streckt ihm ihren Rüssel hin, eine Bewegung, die mehr Trost ist, als sie Hilfe sein kann. Herausziehen kann sie ihn nicht. Eine Gruppe Menschen ist Zeuge der Szene geworden, aber sie wagt es natürlich nicht, sich dem sterbenden Mammut zu nähern. Möglicherweise hält sich die Herde noch tagelang bei dem toten Tier auf, um es zu schützen, und die Menschen brauchen in dieser Kälte selbst Schutz. Sie ziehen sich zurück, während das Leben des jungen Mammuts langsam dahinschwindet.

Dieser Zwischenfall führt dazu, dass die Mutter und ihr Junges, ohne es zu wissen, die Herde überholen. Allmählich nähern sie sich den südlichen Hochebenen und Tälern. Aufgrund der geografischen Gegebenheiten finden sich dort zahlreiche wandernde Tiere ein. Dies ist vielleicht die einzige Jahreszeit, in der man den Reichtum des Lebens in der Steppe erahnen kann. Die Mutter schließt sich dem Wanderzug an, während sich das Junge nach wie vor an ihrer Seite hält. Nun, da sie von mehreren Herden begleitet werden, braucht das Kleine den Löwen nicht mehr zu fürchten. Außerdem scheint das Raubtier andere Beute gefunden zu haben. Von einem Waldstück aus beobachtet es das Mammut. Sein weißes Fell ist mit Blutspritzern bedeckt. Der Löwe steht über einem Fellbündel, in dem ein Mensch steckt – eine sehr viel leichtere Beute für ein Raubtier seiner Größe.

Feind ohne Chance
Ein Löwe in weißem Winterfell versucht sich an ein Mammut-Junges anzuschleichen. Doch so lange seine Mutter in der Nähe ist, droht ihm keine Gefahr.

Begehrtes Objekt
Seit der viktorianischen Zeit ist das Mammut ein beliebtes naturhistorisches Ausstellungsstück. Dieses Exemplar wurde 1860 im Museum von St. Petersburg gezeigt.

Gefrorenes Fleisch
Auch das Fleisch eines Tausende von Jahren alten Mammuts kann noch so frisch sein, dass es genießbar ist.

Eisriesen

Am nördlichen Polarkreis, besonders in Sibirien, ist der Boden bis in eine Tiefe von 500 Metern permanent gefroren. In den kurzen arktischen Sommern seit der letzten Eiszeit sind lediglich die oberen 1,5 Meter aufgetaut. Darunter befindet sich die Tiefkühltruhe der Natur. In jedem Frühling lässt Schmelzwasser die großen sibirischen Flüsse anschwellen und wäscht ihre Ufer aus. An diesen Ufern werden häufig die Überreste von Tieren gefunden, die zuvor Zehntausende von Jahren gefroren in der Erde gelegen haben. Immer wieder stößt man auf Bisons, Wollnashörner und Mammuts, wenn auch ihre Kadaver nicht immer als Objekte wissenschaftlicher Untersuchung brauchbar sind. Man schätzt, dass im Laufe der Zeit Hunderte, vielleicht sogar Tausende von Kadavern an die Oberfläche gekommen sind. In den riesigen Weiten Sibiriens sind viele davon niemals von Menschen entdeckt worden, denn das auch nach Tausenden von Jahren frische Fleisch dient vielen Aasfressern als Nahrung. Wenn Einheimische einen solchen Fund machen, melden sie ihn zudem nicht immer den Behörden. In einigen Gegenden hat sich der Aberglaube gehalten, dass die Entdeckung eines Mammuts der Familie des Finders den Tod bringt. Und noch heute behaupten sibirische Geologen, dass jedes Jahr zahlreiche Tierkörper von Bergleuten zerstört werden, weil sie fürchten, dass die Ankunft von Wissenschaftlern den Abbau zum Erliegen bringen könnte.

Gleichwohl hat die Untersuchung der Tiere, die den Wissenschaftlern zugänglich wurden, zahlreiche Erkenntnisse geliefert. Eine genaue Analyse der den Kadaver umgebenden Erde und des Mageninhalts kann Hinweise darauf geben, welche Pflanzen es damals gegeben hat. Am interessantesten ist jedoch die Tatsache, dass sich das permanent gefrorene Fleisch in einem Zustand befindet, der eine DNS-Analyse ermöglicht. Das führte zu der Überlegung, ob es nicht möglich sei, ausgestorbene Tiere zu klonen. Die Isolierung der DNS von sibirischen Mam-

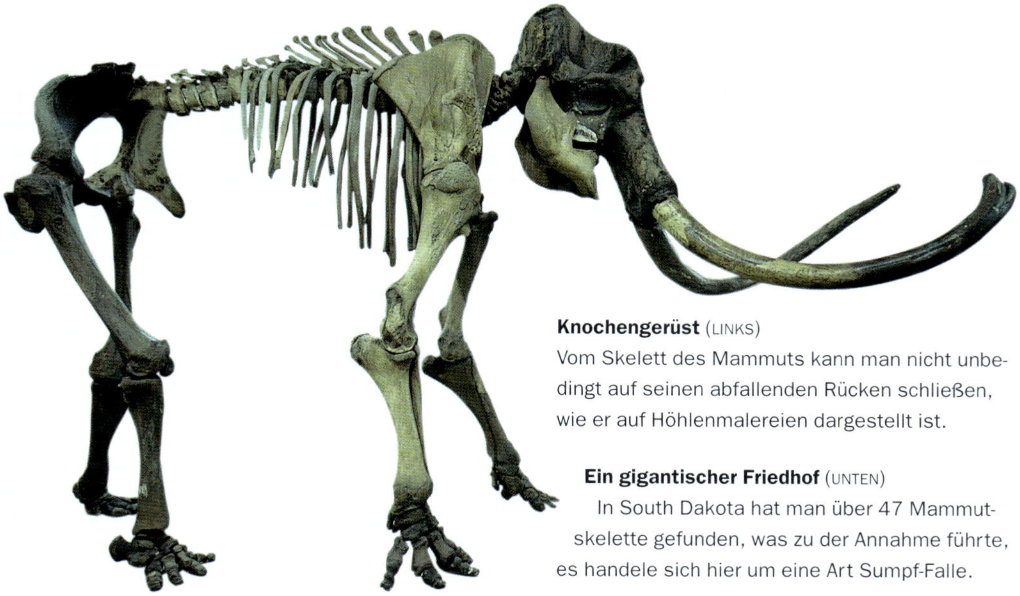

Knochengerüst (LINKS)
Vom Skelett des Mammuts kann man nicht unbedingt auf seinen abfallenden Rücken schließen, wie er auf Höhlenmalereien dargestellt ist.

Ein gigantischer Friedhof (UNTEN)
In South Dakota hat man über 47 Mammutskelette gefunden, was zu der Annahme führte, es handele sich hier um eine Art Sumpf-Falle.

muts hat ergeben, dass sie mit allen lebenden Elefantenarten verwandt sind. Bislang hat man jedoch zu wenig Genmaterial, um ein Mammut zu klonen.

Das Wort »Mammut« ist wahrscheinlich aus einem sibirischen Dialekt entlehnt und heißt so viel wie »Erdmaulwurf«. Viele Einheimische glaubten, diese Tiere lebten in unterirdischen Höhlen und müssten sterben, wenn sie ans Sonnenlicht kämen – eine Erklärung dafür, dass sie nie ein lebendiges Exemplar zu Gesicht bekamen. Das europäische Mammut, *Mammuthus primigenius*, ist die bekannteste Art, nicht nur weil etwa ein Dutzend gut erhaltener Kadaver dieses Tieres gefunden wurden, sondern weil es auch immer wieder in der Kunst der Menschen auftaucht, die Zehntausende von Jahren mit ihm zusammen existierten.

Eines der auffälligsten Merkmale der Malereien ist der abfallende Rücken der Mammuts; die Hinterbeine scheinen viel kürzer zu sein als die Vorderbeine. Allerdings sind bei den gefundenen Skeletten die Vorder- und Hinterbeine gleich lang. Der Höcker hinter dem Kopf, den die Bilder zeigen, muss aus Fett, Muskeln oder Haar bestanden haben, aber leider hat man kein erwachsenes Mammut entdeckt, das gut genug erhalten war, um uns eine genaue Antwort zu geben. Dank der Malereien und gefrorenen Kadaver wissen wir jedoch, dass das Mammut ein wolliges Fell besaß.

Eine interessante Entdeckung wurde an einer Fundstätte in South Dakota/USA gemacht – eine Mammutfalle. Dabei handelt es sich um einen Thermalwasserteich am Boden einer Grube mit steil abfallenden Rändern. Der Teich dürfte das ganze Jahr hindurch von üppiger Vegetation umgeben gewesen sein. Wenn die durch die Pflanzen angelockten Tiere auf dem abschüssigen Ufer den Halt verloren, rutschten sie in die Grube. An diesem Ort hat man fast nur junge Mammut-Männchen gefunden. Bei den heutigen Elefanten bilden die Weibchen Herden, weshalb es wahrscheinlich ist, dass allein umherwandernde Bullen eine solche Grube erkundet haben und sich dann hilflos in der Falle fanden.

Neandertaler
Die ersten Überreste dieses Urmenschen wurden 1856 im Neandertal bei Düsseldorf gefunden. Fast zehn Jahre später ergab eine detaillierte Analyse der Knochen, dass sie sich von denen des heutigen Menschen unterscheiden. Daraufhin erhielt die Art den Namen *Homo neanderthalensis*.
NACHWEIS: Überreste der Neandertaler wurden innerhalb eines breiten geografischen Streifens vom Mittleren Osten über England bis zum nördlichen Rand des Mittelmeerraums gefunden. Man hat Knochen, Lagerplätze und Werkzeuge entdeckt, allerdings bislang keine künstlerischen Darstellungen.
GRÖSSE: Männer 1,7 Meter, Frauen 1,6 Meter.
NAHRUNG: Fast ausschließlich Fleisch.
ZEIT: Vor 300.000–28.000 Jahren.

November Die Landschaft im Süden der Steppe ist rauer und bringt eine andere Vegetation hervor. Hier gibt es viele Birken-, Erlen- und Weidenwälder, die den Tieren mehr Schutz und eine größere Auswahl an Nahrung bieten. Das ist auch für die Neandertaler von Nutzen, einen anderen Menschentypus, der sich besser an die Kälte angepasst hat und das gesamte Jahr hier verbringt. Die Neandertaler leben in kleinen Gruppen und auch sie schützen sich mit Fellen vor den eisigen Temperaturen, aber sie sind kleiner und untersetzter als ihre Verwandten. Dessen ungeachtet entwickeln sie sich als Art nicht besonders gut. Ihre Zahl nimmt ab und bereits jetzt überleben sie nur noch in kleinen Nischen. Insgesamt ist die Gruppe der Menschen nicht mehr so vielfältig, wie sie einst war: Inzwischen existieren nur noch diese beiden Arten.

Winter für Winter kommen die Mammuts aus der Steppe und streifen durch diese Täler, wo ihre Nahrung aus Borke, immergrünen Zweigen sowie den wenigen Gräsern und Kräutern besteht, die sie unter dem Schnee finden können. Da sie keine Waldtiere sind, halten sie sich meistens in den offenen Gebieten auf. In einem solchen Tal ist mittlerweile auch die Matriarchin mit ihrer Herde eingetroffen. Die Reise ist nicht gut verlaufen – sie hat einen Neffen verloren, und ihre Schwester und ein anderer Neffe sind von der Herde getrennt worden. Die Mammuts machen in der Nähe eines Kliffs Halt, in dem sich die Höhlen der Neandertaler befinden. Vor ihnen steigen Rauchschwaden von den Feuerstellen empor, während die Menschen die Mammuts argwöhnisch beobachten. Diese neuen Nachbarn sind gefährlich. Einer aus ihrer Gruppe kehrt vom Feuerholzsammeln zurück und muss einen weiten Umweg machen, um der Herde nicht in die Quere zu kommen. Dabei trifft er jedoch auf einen Feind, mit dem er noch viel weniger gerechnet hatte. Als er sich durch einen Erlenwald schleicht, in dessen Schutz ihn die Herde nicht bemerkt, findet er sich plötzlich auf einer Lichtung wieder, auf der ein Wollnashorn auf ihn wartet. Wie die Höhlenlöwen sind auch

Die lieben Verwandten

Das Aussterben der Neandertaler ist eines der ungelösten Geheimnisse der Evolution. Im Allgemeinen nimmt man an, dass sie entweder von unserem Vorfahren, *Homo sapiens*, ausgerottet wurden oder aber die letzte Eiszeit nicht mehr überstanden haben. Eine andere Theorie besagt jedoch, dass sie sich mit dem modernen Menschen gekreuzt haben und ihre typischen Merkmale über Dutzende von Generationen hinweg verschwunden sind.

Bis vor kurzem konnte man nur darüber spekulieren, ob der Neandertaler und der moderne Mensch überhaupt aufeinander getroffen sind und sich kreuzten, aber die Fortschritte in der Genetik haben uns der Lösung des Rätsels ein Stück näher gebracht.

Da wir unsere Gene von unseren Vorfahren geerbt haben, müsste sich in unserem Erbgut auch DNS des Neandertalers finden, wenn einer oder mehrere unserer Urahnen aus der Verbindung zwischen einem Neandertaler und einem modernen Menschen hervorgegangen wäre. Lange Zeit wusste man jedoch nicht, wie Neandertaler-DNS aussieht, sodass man keine Vergleiche zum modernen Menschen ziehen konnte.

Ende der 90er Jahre gelang es schließlich, DNS aus Neandertalerknochen zu extrahieren und sie mit der Struktur unserer DNS zu vergleichen. Die Ergebnisse waren negativ, d. h. es gab keinen Kontakt zwischen dem Neandertaler und *Homo sapiens*. 1998 verkomplizierte ein zufälliger Fund in Portugal die Angelegenheit wieder. Im Lagar-Velho-Tal fand man das Skelett eines kleinen Kindes, das vor etwa 25.000 Jahren zeremoniell bestattet worden war. Sein Skelett besteht aus den robusten Knochen eines Neandertalers, während die Struktur des Schädels auf den modernen Menschen verweist. Dies führte zu der Annahme, dass es sich bei diesem Kind durchaus um den Nachwuchs eines Neandertalers und eines modernen Menschen handeln könne. Leider ist der Schädel des Kindes nur sehr bruchstückhaft vorhanden, sodass man nicht mit Sicherheit sagen kann, ob das Kind Merkmale des Neandertalers aufweist oder einfach nur kräftig gebaut war. Die Wissenschaft steckt in einer Sackgasse, bis es vielleicht eines Tages neue Beweise gibt.

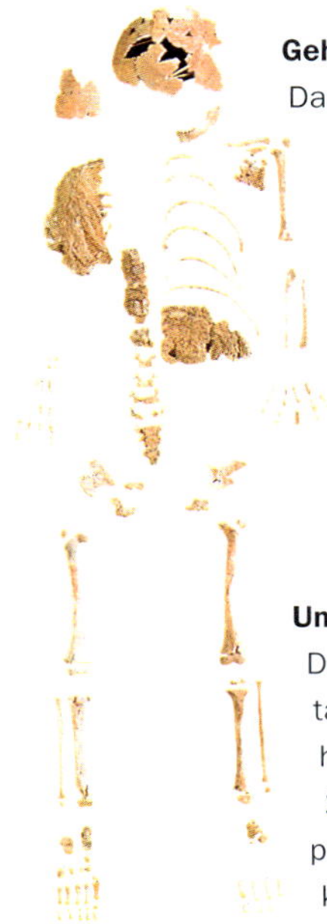

Geheimnisvolles Kind (LINKS) Das Skelett des Kindes aus Lagar-Velho scheint Merkmale sowohl des Neandertalers als auch des modernen Menschen aufzuweisen.

Umstrittenes Grab (RECHTS) Das Schicksal der Neandertaler ist noch immer ein Geheimnis, aber in diesem 25.000 Jahre alten Grab im portugiesischen Lagar-Velho-Tal könnte eine Antwort liegen.

Bis vor kurzem konnte man nur darüber spekulieren, ob der Neandertaler und der moderne Mensch überhaupt aufeinander getroffen sind

Wollnashorn
Im 19. Jahrhundert hat man Hörner des Wollnashorns *(Coelodonta antiquitatis)* besonders häufig in Russland gefunden, aber aufgrund ihrer merkwürdigen Form glaubten viele Leute, es handele sich um die Klauen riesiger Vögel. In Sibirien barg man gefrorene Kadaver von Wollnashörnern, allerdings oft ohne Fell und Hörner. Schließlich erkannte man jedoch, dass die Skelette und Kadaver zusammengehören.
NACHWEIS: Überreste von Wollnashörnern sind in ganz Europa mit Ausnahme von Irland gefunden worden. Auch in Nordamerika scheinen sie nicht existiert zu haben. Die am besten erhaltenen Kadaver stammen aus Sibirien. Höhlenmalereien lassen vermuten, dass ihr Fell in der Körpermitte etwas dunkler war.
GRÖSSE: 2,2 Meter Schulterhöhe.
NAHRUNG: Gras.
ZEIT: Vor 500.000–10.000 Jahren.

diese im Norden lebenden Tiere etwas größer als ihre afrikanischen Verwandten. Sie haben ein dichtes Winterfell und außergewöhnlich lange Hörner, die bis zu 2 Meter lang werden können.

Das Wollnashorn hat den Neandertaler sogleich gewittert und schnaubt wütend. Der Mensch bleibt stehen und tritt ganz langsam den Rückzug an. Als er die Bäume erreicht, dreht er sich um, um zu seiner Höhle zu rennen. Das Nashorn sieht seine schnelle Bewegung, hält sie vielleicht für einen Angriff und attackiert selbst. Es rast mit enormer Geschwindigkeit los, während der Mensch Probleme hat, in seiner Fellkleidung zu fliehen. Noch bevor er den Schutz der dichter stehenden Bäume erreicht hat, erwischt ihn das Nashorn mit den Hörnern. Die Wucht des Schlages schleudert ihn gegen einen Birkenstumpf. Als der Neandertaler reglos liegen bleibt, schnaubt das Nashorn noch einmal und macht sich davon. Der kraftvolle Schlag des 2 Tonnen schweren Tieres hat dem Mann die Hüfte und ein Bein zerschmettert. Wenn ihm die anderen Neandertaler nicht beistehen, wird er den Winter nicht überleben. Doch selbst wenn er den Rückhalt seiner Gruppe bekommt, sind seine Tage als Jäger ein für alle mal vorbei.

Später an diesem Tag verlassen die Mammuts die Stelle bei den Höhlen und übernachten in der Nähe eines großen Sees. Am nächsten Morgen hängt dichter Nebel über dem Wasser, aber es scheint ein klarer Tag zu werden. Während die Herde trinkt und frisst, ertönt plötzlich ein tiefer Ruf, gefolgt von einer Reihe kurzer, heller Trompetenstöße. Da tauchen am gegenüberliegenden Ufer die vermisste Mutter und ihr Kind auf. Dank des unfehlbaren Erinnerungsvermögens, das es der Matriarchin ermöglicht, ihre Schützlinge jedes Jahr in die Täler zu führen, ist es auch ihrer Schwester gelungen, den Weg zurückzufinden. Die Tiere begrüßen einander wie immer, indem sie die Rüssel umeinander schlingen und ihre Stoßzähne aneinander schlagen. Obwohl sie den Tod eines Artgenossen beklagen müssen, hat die Reise nach Süden doch noch ein gutes Ende gefunden.

Die extrem langen Hörner des Wollnashorns sind eine gefährliche Verteidigungswaffe. Meistens nutzte das Tier sie jedoch dazu, Schnee beiseite zu schieben, unter dem es im Winter Nahrung suchte. Dabei war es von Vorteil, dass das Vorderhorn wie eine Schaufel geformt war.

Gefährlicher Nachbar
Verzweifelt versucht sich der Neandertaler gegen das angreifende Wollnashorn zu schützen. Seine einzige Chance besteht jedoch darin, dass der gefährliche Riese plötzlich das Interesse verliert.

März Der Winter ist lang und erbarmungslos. In ganz Europa bewegen sich die Temperaturen im Minusbereich. Wenn der Frühling endlich kommt, kündigt er sich durch einen leichten Anstieg der Durchschnittstemperatur an, wodurch der Schnee zu schmelzen beginnt. Überall lässt das Schmelzwasser die Flüsse anschwellen, und an den Ufern brechen die ersten Blumen und Kräuter aus dem Boden hervor.

Während der Wintermonate hat sich die Mammutherde nur in einem kleinen Umkreis bewegt. Das Tal, in dem sie vor vier Monaten eingetroffen sind, bietet den Tieren genügend Nahrung, auch wenn viele Bäume unter ihren zerstörerischen Fressgewohnheiten leiden mussten. Inzwischen hat die Herde auch ein neues Mitglied. Das trächtige Mammut hat ein Junges zur Welt gebracht und das flauschige weibliche Kälbchen hält sich immer in der Nähe seiner Mutter auf. Wenn es Glück hat, liegen viele Jahrzehnte im Kreis seiner Begleiter vor ihm, da es sein ganzes Leben in dieser Herde verbringen wird. Während diese riesigen, schwerfälligen Wesen umherwandern, legen sie eine erstaunliche Feinfühligkeit im Umgang mit dem Nachwuchs an den Tag.

Mit jedem Flecken Weideland, das der Herde zugänglich wird, gestaltet sich die Nahrungssuche leichter. Dennoch ist nicht alles so rosig, wie es scheint. Die plötzlich so üppige Vegetation ist reich an bestimmten Mineralien, aber es mangelt ihr an anderen. Außerdem enthalten viele Kräuter zu dieser Jahreszeit Giftstoffe. Das kann dazu führen, dass das normalerweise robuste Verdauungssystem der Mammuts in Aufruhr gerät. Auch in diesem Fall zahlt sich die Erfahrung der Matriarchin und der älteren Weibchen für die Herde aus. Sie führen die Herde durch das sprießende Gras aus dem Tal heraus in ein Sumpfgebiet. Dort macht die Anführerin den anderen etwas Seltsames vor – sie beginnt Schlamm zu fressen. Auch wenn es absurd scheint: Der Lehm enthält zum einen Stoffe, die die Toxine neutralisieren, und zum anderen viele der Mineralien, die dem neuen Pflanzenwuchs fehlen. Bald tun es die anderen Herdenmitglieder ihr nach.

Frühlingsblüte
Sobald die Schneeschmelze einsetzt, findet die Herde wieder Nahrung im Überfluss. Ein Mammut frisst bis zu 200 Kilogramm Pflanzen am Tag.

Der Einzige, der die schlammige Kost verschmäht, ist der Jährling. Dank der Muttermilch hat er den Winter gut überstanden und freiwillig möchte er keinen Lehm fressen. Stattdessen nutzt er ihn auf andere, unterhaltsamere Weise – er rollt sich darin herum. Später, als der Lehm getrocknet ist und in schweren Klumpen von seinem Körper fällt, bleibt Fell an den Stücken kleben. Der Jährling beginnt zu haaren. Es ist Zeit, nach Norden zu ziehen.

Gemischte Gesellschaft

(FOLGENDE DOPPELSEITE)

Zu Beginn des Frühlings enthalten die Pflanzen oft zu wenig Mineralien. Deshalb nehmen die Tiere außer ihrer üblichen Nahrung auch Schlamm zu sich, der zudem Giftstoffe neutralisiert.

April Am späten Abend erreichen die Mammuts den Steilhang. Vor sechs Monaten sind Hunderte von Mammutherden auf ihrem Weg nach Süden hier vorbeigekommen. Nun führt sie die Rückreise wieder hierher. Es liegt weniger Schnee als im Herbst und die Neandertaler, die am Fuße des Hangs leben, wirken viel geschäftiger als zuvor. Sie haben Holz gesammelt, das sie entlang dem Mammutpfad zu kleinen Stößen aufschichten.

Als die Nacht hereinbricht, setzen die Neandertaler die Holzhaufen in Brand, ergreifen brennende Scheite und bedrängen die Mammuts, die noch immer den Steilhang entlangziehen. Die Angriffe konzentrieren sich auf unsere Herde. Die Neandertaler wollen die Tiere in Panik versetzen und so verwirren, dass sie einige von ihnen über den Rand des Steilhangs treiben können. Diese Gelegenheit bietet sich ihnen nur ein einziges Mal im Jahr und verspricht ihnen ein wahres Schlachtfest. Als die Neandertaler immer näher kommen, stößt die Matriarchin einen Warnruf aus. Das Feuer hindert sie daran anzugreifen, aber als sich einer der Neandertaler zu nahe an sie heranwagt, schlägt sie ihn mit den Stoßzähnen nieder, und er verliert seinen bren-

Geplanter Mord
Ein Neandertaler sammelt Holz für ein Lagerfeuer. Im Laufe der Zeit hat er gelernt, wie man mit Feuer auch Tiere jagen kann, die zu groß und stark sind, um sie mit den üblichen Waffen zu töten.

Das Ende des Weges
Die Neandertaler haben die Matriarchin mit brennenden Holzscheiten an den Rand des Steilhangs getrieben, von dem es hinabstürzen wird.

nenden Scheit. Kurz darauf liegt er zertrampelt auf dem Boden, während der Rest der Herde vor den anderen Jägern zurückweicht.

Mammutherden bleiben immer zusammen und während die anderen entkommen, wird unsere Herde geschlossen an den Rand des Kliffs gedrängt – bis auf das Mammutkalb, das den Kontakt zu den anderen verloren hat. Es steht ganz allein ein Stück entfernt da. Als seine Mutter das sieht, durchbricht sie die Reihen der Neandertaler, um zu ihrem Kind zu kommen. Der Feuerring wird gebrochen und die Angreifer weichen zurück. Die Herde nutzt die Gunst des Augenblicks und kann durch die Lücke fliehen. Nur eine bleibt zurück – die Matriarchin. Fast wahnsinnig vor Angst bedroht sie die Jäger mit ihren Stoßzähnen. Dabei verliert sie das Gleichgewicht, stolpert über den Rand des Kliffs und stürzt in die Tiefe, wo sie tot liegen bleibt.

Drei Mammuts sind in der vergangenen Nacht von den Felsen gestürzt. Nun haben die Neandertaler mehr als genug Nahrung

Der nächste Morgen ist kalt und feucht. Am Fuße des Steilhangs hängt dichter Nebel, während die Neandertaler mit ihren Feuersteinwerkzeugen das Fleisch vom Kadaver des Mammuts schaben. Insgesamt drei Tiere sind in der vergangenen Nacht von den Felsen gestürzt. Nun haben die Neandertaler mehr Nahrung, als sie überhaupt essen und aufbewahren können. Normalerweise erlegen die Jäger nicht mehr Beute, als sie brauchen, aber bei dieser Jagdmethode können sie das nicht genau kontrollieren. In manchen Jahren bedeuet das für die Mammutherden, dass sie schwere Verluste zu beklagen haben. Während die Menschen arbeiten, nähern sich bereits die Wölfe. Die Jäger versorgen sich mit möglichst vielen Häuten und den besten Fleischstücken wie zum Beispiel der Zunge.

Die Mammutherde hat sich noch in der Nacht wieder zusammengefunden und wartet auf die Rückkehr der Matriarchin. Nach zwei Tagen übernimmt ihre Schwester die Führung und leitet die Herde gen Norden.

Jagdmethoden

Sowohl die Neandertaler als auch die modernen Menschen verfügten über weitaus effektivere Jagdtechniken als die Tiere. Wir denken zwar automatisch, dass der Steinzeitmensch vor allem Mammuts und Wollnashörner jagte, doch aufgrund ihrer Größe mussten diese Tiere auch eine große Gefahr für die Jäger dargestellt haben. So finden sich denn auch vor allem die Knochen von Tieren, die sich leichter erlegen ließen, wie Hirsche, Pferde, Kaninchen und Füchse.

Beide Arten jagten bis vor 35.000 Jahren auf recht ähnliche Weise mit Stöcken und Speeren. Danach begannen sich die Jagdmethoden zu unterscheiden. Die Methode der Neandertaler war zwar wirkungsvoll, aber auch ziemlich simpel. Ihre Speere waren nicht viel mehr als angespitzte Stöcke, die auf kurze Distanz in den Körper des Beutetiers gebohrt wurden. Im Gegensatz dazu fertigten unsere Vorfahren Speere an, die eine separate Spitze aus Feuerstein oder Geweihknochen besaßen und die man aus größerer Entfernung werfen konnte. Vor etwa 30.000 Jahren verfeinerten sie ihre Jagdtechniken weiter. Funde deuten darauf hin, dass sie Netze herstellten, mit denen sie Kaninchen oder Fische fingen. Außerdem scheinen sie Abwurfvorrichtungen für Speere konstruiert zu haben, mit denen sie ein Ziel mit hoher Genauigkeit treffen konnten.

Mörderische Waffe
Dieser 400.000 Jahre alte Speer, der an einer Fundstätte in Deutschland zwischen Pferdeknochen geborgen wurde, erlaubt Rückschlüsse auf die Jagdmethoden unserer Vorfahren.

Unnatürliche Feinde
In Anbetracht dieser Höhlenmalerei aus Afrika machten die Menschen möglicherweise auch Jagd auf Tiere von der Größe eines Elefanten.

Dennoch waren es die Neandertaler, die die wohl spektakulärste Technik der »Massenjagd« ersonnen haben. Auf der englischen Kanalinsel Jersey entdeckte man eine Höhle am Fuß eines steilen Kliffs, in der außer Werkzeugen zahlreiche Mammut- und Wollnashornknochen lagen. Offensichtlich waren die Tiere ganz in der Nähe getötet worden. Aber wie hatte es eine kleine Neandertaler-Gruppe geschafft, so viele große Tiere auf einmal zu erlegen? Die Archäologin Kate Scott fand eine mögliche Antwort auf diese Frage, als sie die Knochen untersuchte. Sie äußerte die Vermutung, dass die Tiere von den Neandertalern über den Rand der Klippe getrieben worden waren, eine Methode, bei der sie selbst ein relativ geringes Risiko eingingen. Die toten Tiere konnten dann in Ruhe verzehrt werden.

Sowohl die Neandertaler als auch die modernen Menschen verfügten über weitaus effektivere Jagdtechniken als die Tiere

Juni Es ist Hochsommer in der Steppe. Während die Menschen wieder in ihren Knochenhütten hausen, sind die Herden zurückgekehrt und weiden im hohen, üppigen Gras. Das junge Mammut hat die Reise nach Norden gut überstanden, auch wenn ein eingerissenes Ohr darauf schließen lässt, dass es einem Raubtier nur knapp entkommen ist. Wahrscheinlich waren es Hyänen, die im Schutz der Dunkelheit immer wieder versuchen, junge Mammuts von ihrer Herde zu trennen. In diesem Fall war jedoch die Herde offenbar gerade noch rechtzeitig zur Stelle.

Abgesehen von den Attacken der Mückenschwärme geht es der Herde gut. Die neue Matriarchin ist in ihrer Anführerrolle anerkannt worden und eines der Weibchen ist paarungsbereit. Dadurch sind zwei Bullen auf die Herde aufmerksam geworden. Ihre Anwesenheit macht die Herde nervös, denn wenn diese mehr als 7 Tonnen schweren Tiere um die Gunst des Weibchens kämpfen, können das Kleine und der Jährling leicht zu Schaden kommen. Nachdem sie einander unter wildem Kopf- und Ohrenschütteln abgeschätzt haben, greift der ältere Bulle als Erster an. Mit einem dumpfen Schlag prallen ihre Köpfe aufeinander, dann verkeilen sich ihre Stoßzähne. Das ist der Auftakt für einen erbitterten Ringkampf, bei dem jeder von ihnen schwere Verletzungen davontragen kann. Hin und wieder kommt es vor, dass sich die beiden Gegner so untrennbar ineinander verkeilen, dass sie vor Erschöpfung sterben, weil sie sich nicht mehr vom anderen lösen können. Aber auf einen solchen Kampf haben sich die Mammut-Männchen vorbereitet, seit sie die Herde ihrer Mutter verlassen haben, und falls es ihnen nicht gelingt, sich zu paaren, haben sie in evolutionärer Hinsicht ihr Leben vertan.

Nach einer Stunde steht fest, dass der ältere Bulle überlegen ist und der jüngere den Rückzug antreten muss. Euphorisiert setzt der Gewinner zur Verfolgung der empfängnisbereiten Kuh an. Es ist das erste Mal, dass sie sich paart, und der ganze Akt wird eine traumatische Erfahrung für sie

Keilerei
Zwei Mammutbullen feiern ihre Ankunft auf den Sommerweiden mit einem Ringkampf. Bei ihm entscheidet sich, wer das Recht erhält, sich mit den Weibchen zu paaren.

sein, nicht zuletzt weil sie mit 4 Tonnen nur fast halb so viel wiegt wie ihr Verehrer. Als der Bulle sie eingeholt hat, paart er sich mit ihr, aber da es für die Kuh das erste Mal ist, wird sie wahrscheinlich nicht schwanger werden.

Aber es wird für den Bullen und die Herde noch andere Gelegenheiten geben. Die Mammuts sind eine überaus erfolgreiche Art. Ihre Weidegründe erstrecken sich über drei Kontinente und damit fast über die gesamte Erdkugel. Trotz der bitteren Winter haben sie sich hervorragend entwickelt. Doch ihre intensive Beziehung zu der sie umgebenden Natur will gut ausbalanciert sein und macht sie verwundbar. Sollte sich ihr Lebensraum, die Steppe, verändern, dürften sie große Anpassungsschwierigkeiten bekommen, und da das Erdklima zwischen den Eiszeiten enorme Schwankungen aufweist, besteht die Gefahr, dass diese beeindruckenden Spezialisten der Tierwelt verschwinden werden.

Ikonen der Eiszeit
Mammuts gehören zu den erfolgreichsten Arten, die sich auf den weiten Ebenen entwickelt haben. Ihre riesigen Weidegründe erstrecken sich fast um den gesamten Globus.

Das Eis kommt

Vor etwa 200 Jahren wurde die Wissenschaft gewahr, dass die Landschaften Nordeuropas, Asiens und Amerikas einige seltsame geografische Eigenarten aufwiesen. Es gab dort riesige Täler mit steilen Hängen und enorme Ablagerungen von Felsbrocken, die nicht von Flüssen angeschwemmt worden sein konnten. Schließlich erkannte man, dass weite Teile der nördlichen Hemisphäre bis vor kurzem von riesigen Eismassen bedeckt waren.

Zunächst glaubte man, dass es in den vergangenen 600.000 Jahren vier große Eiszeiten gegeben habe, zwischen denen weitaus längere und wärmere Perioden lagen, die man Interglaziale nennt. Diese Theorie wurde Mitte der 50er Jahre erschüttert, als Untersuchungen des fossilen Planktons vom Boden der Tiefsee ergaben, dass der Beginn der Eiszeit-Zyklen mehr als 2 Millionen Jahre zurückliegt.

Der eigentliche Grund für das Auftreten der Eiszeiten ist noch immer nicht bekannt, aber man kennt verschiedene Einflüsse, die dazu beigetragen haben. Der erste besteht in der allgemeinen Abkühlung der Erde während der letzten 50 Millionen Jahre. Ein weiterer Einfluss könnte die Lage der Kontinente sein. Gegenwärtig gibt es große Landmassen innerhalb der Polarkreise und das Eis bildet sich an Land leichter als auf dem Meer. Schließlich führt die Tatsache, dass die Erde auf ihrer Achse leicht wackelt, dazu, dass sie manchmal näher an die Sonne gerät und sich so erhitzt, dann wieder Abstand gewinnt und abkühlt. Neueste wissenschaftliche Erkenntnisse machen die Sache noch komplizierter. Langkkerne, die man aus dem isländischen Eis gebohrt hat, haben es ermöglicht, die jährliche Erdtemperatur für die letzten 400.000 Jahre zu berechnen. Das Ergebnis ist überraschend: In der nördlichen Hemisphäre scheinen die Eiszeiten sehr schnell zu beginnen und zu enden. Die globale Temperatur kann in weniger als 10 Jahren um 6 Grad steigen oder fallen und damit abrupt eine Eiszeit auslösen.

Ein wackliges Heim
Schwankungen in der Entfernung, in der sich die Erde um die Sonne dreht, könnten eine Rolle beim Anwachsen und Schwinden der Eisdecken.

Eisige Antworten (LINKS)
Durch Bohrungen im ewigen Eis wie hier in der Antarktis können die Wissenschaftler berechnen, wie das Klima auf der Erde vor Hunderttausenden von Jahren war.

Gefrorenes Land (RECHTS)
In den Polarregionen sind die Landmassen so groß wie seit Millionen von Jahren nicht mehr.

Ein kleiner Unterschied

Die Maske des Menschen
Der *Homo sapiens* ist der Einzige, der Höhlenmalereien angefertigt hat. Diese in Tansania entdeckte Szene scheint einen Tanz darzustellen.

Reine Kunst
Einen praktischen Nutzen lässt diese Skulptur eines Mammuts aus Frankreich, die aus einem Rentiergeweih gefertigt wurde, nicht erkennen.

Würde man einen Neandertaler rasieren und in einen Anzug stecken, könnte es passieren, dass man auf der Straße an ihm vorbeiläuft, ohne ihn besonders wahrzunehmen. Er war etwas kleiner und untersetzter als der moderne Mensch, hatte einen geringfügig anders geformten Schädel sowie buschige Augenbrauen und eine dicke Nase – aber abgesehen davon könnte er ein potentieller Börsenmakler sein. Trotzdem gibt es einen Unterschied, der letztlich zur Dominanz des heutigen Menschen geführt hat: die Fähigkeit zum abstrakten Denken, den Gebrauch einer komplexen Sprache und künstlerische Kreativität.

Jahrelang haben Archäologen die Lagerplätze des *Homo sapiens* und des Neandertalers nach diesbezüglichen Beweisen durchsucht. Schon vor 30.000 Jahren enthielten die Lager unserer Vorfahren Beispiele für überraschenden Erfindungsgeist und zweckfreie Kunst. Vor 28.000 Jahren hat es gewebte Kleidung aus Pflanzenfasern sowie geschnitzte Knochen und Werkzeuge aus Elfenbein gegeben. Einige bearbeitete hohle Vogelknochen könnten sogar Flöten gewesen sein. Als berühmteste Kunstform dieser Zeit gelten die Höhlenmalereien, deren Darstellungsweise von naturalistisch über stilisiert bis zu völlig abstrakt reicht.

Was nun die Kunst und Kultur der Neandertaler betrifft, so hat man an ihren Lagerplätzen kaum etwas gefunden, das keinen praktischen Nutzen besitzt. Es gibt auch kaum Hinweise darauf, dass sie im Laufe der Jahrtausende ihre Techniken verfeinert oder entwickelt hätten. Kurz vor ihrem Aussterben haben sie womöglich damit begonnen, Schmuckanhänger herzustellen, aber es gibt nichts, was mit den Malereien und Schnitzereien des modernen Menschen vergleichbar wäre. Mangelte es den Neandertalern an Fantasie und Kreativität? Oder ließ ihnen der Überlebenskampf weder Zeit noch Energie, um sich mit irgend etwas anderem zu beschäftigen?

Ausgeklügelt
Zwar benutzen auch Tiere Werkzeuge, aber nur der Mensch hat die Fähigkeit, sie entsprechend seiner verschiedenen Bedürfnisse zu gestalten.

Nachwort Nach wenigen tausend Jahren ging die Eiszeit auf ihr Ende zu. Die Eisschichten zogen sich auf ihre früheren Positionen zurück. In den höheren Breiten der nördlichen Hemisphäre breiteten sich wieder Wälder aus und in den Tropen verdrängten Regenwälder die trockenen Steppen. Neueste Untersuchungen zeigen jedoch, dass sich der Wechsel zur heutigen wärmeren zwischeneiszeitlichen Periode sehr schnell vollzogen hat, vielleicht innerhalb weniger Jahrzehnte. Dadurch müssen Fauna und Flora unter enormen Druck geraten sein. Die Riesen der Eiszeit begannen auszusterben. Selbst das mächtige Mammut wurde ausgelöscht. Die letzte armselige Population von Zwergmammuts lebte vor etwa 4.000 Jahren auf einer Insel vor Ostsibirien.

Unsere menschlichen Vorfahren gleichen in der Eiszeit den Tieren, die in einer gefährlichen Welt überleben wollten

Was unsere menschlichen Vorfahren betrifft, so glichen sie in der Eiszeit den Tieren, die in einer gefährlichen Welt überleben wollten. Doch der erfindungsreiche Einsatz von Werkzeugen machte uns einzigartig und erwies sich als äußerst hilfreich, als sich die Erde wieder erwärmte. Mit der Zeit entwickelten wir Möglichkeiten, unsere Umwelt zu beherrschen, was uns in die Lage versetzte, nicht mehr täglich ums Überleben kämpfen zu müssen. Und so schlugen wir den Weg ein, der uns schließlich zu den »unnatürlichen« Wesen gemacht hat, die wir heute sind. Doch sollte sich jemand angesichts unserer Zukunft behaglich zurücklehnen wollen, sei er daran erinnert, dass uns zumindest theoretisch die nächste Eiszeit bevorsteht. Würde sie innerhalb weniger Jahrzehnte einsetzen, hätte dies fatale Auswirkungen auf die Landwirtschaft. Weite Teile unseres Lebensraums würden unter Eisschichten begraben werden, weltweit wäre die Landwirtschaft zerstört. Wären wir imstande, uns anzupassen? Auch wir sind hoch spezialisierte Wesen – und wenn man es recht bedenkt, nichts anderes als große Säugetiere.

Ende einer Epoche
(FOLGENDE DOPPELSEITE)
Wenn im Winter die Temperaturen sinken, begeben sich die Mammuts auf Wanderschaft. Doch ihre hoch spezialisierte Lebensweise erschwert es ihnen, sich an Klimaschwankungen anzupassen. In nur wenigen Tausend Jahren werden die zahlreichen Herden auf der Erde ausgestorben sein.

Quellenmaterial

Kapitel 1
Die Ölschiefergrube Messel (s. S. 56–57) in der Nähe von Frankfurt war auch eine Fundgrube an Informationen für dieses Kapitel. Hier fand man ausgezeichnet erhaltene Exemplare des *Leptictidium*, des *Propalaeothrium* und der *Godinotia*. Von einigen Arten waren sogar Haare und Mageninhalt erhalten geblieben. Der Schiefer enthielt auch noch andere Tiere und Pflanzen aus dieser Zeit und so verfügen wir über ein sehr genaues Bild der damaligen Umwelt. Vom *Gastornis* existiert in der Grube nur der Abdruck eines einzigen Knochen, weitere wurden jedoch im ehemaligen Braunkohlen-Tagebau Geiseltal bei Halle gefunden (der hinsichtlich Alter und Fauna Messel ähnelt). Auf fast vollständig erhaltene Skelette vom *Gastornis* stieß man jedoch in Nordamerika. Der *Ambulocetus* wiederum stammt aus Pakistan. Die chemische Analyse seiner Zähne hat ergeben, dass er sowohl in Brack- wie auch in Süßwasser lebte.

Kapitel 2
Das *Brontotherium*, das wir in diesem Kapitel kennen lernen, basiert auf dem *Embolotherium*, einem großen Tier, dessen Überreste vor allem in der Mongolei gefunden wurden. Der *Andrewsarchus* ist uns nur durch den Fund eines riesigen Schädels bekannt. Allerdings sind vollständige Skelette von anderen Mesonychiden gefunden worden, die nahe mit ihm verwandt sind, weshalb wir wissen, wie der Körper des *Andrewsarchus* ausgesehen hat. *Basilosaurus*- und *Dorudon*-Skelette fand man in Amerika, Europa und Asien, doch am aufschlussreichsten waren jene Funde, die man in den ägyptischen Fayum-Ablagerungen nahe Kairo (s. S. 86–87) gemacht hat. In Gesteinen der Fayum-Senke sind auch Skelette des *Apidium* und des *Moeritherium* erhalten geblieben, des weiteren fossile Mangrovenbäume, Seegras sowie andere Tiere und Pflanzen, die in ihrer Gesamtheit auf eine ehemalige Küsten- oder Mündungslandschaft schließen lassen. Die Fayum-Ablagerungen entstanden am Übergang zwischen Eozän und Oligozän, als gewaltige Umweltveränderungen ein begrenztes Massensterben zur Folge hatten, von dem insbesondere die Meeresflora und -fauna betroffen war.

Kapitel 3
Die Tiere und Pflanzen, die in diesem Kapitel vorgestellt werden, stammen allesamt aus dem Hsanda Gol-Gebirge in der Mongolei (s. S. 131). Einige Tiere, wie Indricotherien, sind fast vollständig erhalten geblieben, andere, wie das *Hyaenodon*, Chalicotherien und den Bärenhund, kennen wir nur durch einzelne Überreste. Erfreulicherweise gab es einige der Arten von Hsanda Gol auch in Nordamerika, wo man auf zahlreiche komplette Skelette stieß, z. B. beim Agate Springs National Monument in Nebraska. Dort fand man auch Fossilien, die Rückschlüsse auf die Lebensweise von Tieren erlauben, so z. B. eingestürzte Bauten von Bärenhunden. Ein Großteil der Informationen über das *Chalicotherium* basiert auf Funden in Deutschland. Pflanzenfossilien sind im Hsanda Gol-Gebirge rar, fanden sich jedoch etwas weiter nördlich, im Süden Chinas, wo es ähnliche Ablagerungen gibt. Von dort stammen auch unsere Kenntnisse hinsichtlich Botanik und Klima.

Kapitel 4
Der Held dieses Kapitels ist der frühe Hominide *Australopithecus afarensis*, dessen fossile Überreste in Äthiopien, Tansania und Kenia gefunden wurden. Dank mehr oder weniger vollständiger Skelette wie dem von »Lucy« aus Hadar in Äthiopien (s. S. 176–177) gelang es, den *Australopithecus afarensis* wieder aufleben zu lassen. Untersuchungen der Knochen und der Zähne lieferten zahlreiche Informationen über seine Nahrung, seinen zweibeinigen Gang und sein Sozialleben. Die Erforschung heute lebender Bonobos und Schimpansen erlaubten Rückschlüsse auf besondere Verhaltensweisen wie den Nestbau. *Ancylotherium*- und *Deinotherium*-Fossilien wurden in Fundstätten mit fossilen Hominiden in Hadar, Laetoli, am Turkanasee und in der Olduvai-Schlucht entdeckt. Vollständige Skelette beider Tiere fand man jedoch nur in Europa; auf diesen Funden basieren unsere Modelle. Aufschluss über das Aussehen und das Verhalten des *Dinofelis* gaben Untersuchungen von Höhlenfunden in Südafrika, wo man Überreste des *Australopithecus* und des *Dinofelis* an einer Stelle gefunden hat.

Literatur

Kapitel 5

Auch wenn viele Tiere, die in diesem Kapitel vorkommen, über die Steppen ganz Südamerikas streiften, stammt die Mehrzahl der Informationen über Fossilien und Landschaft aus einer argentinischen Fundstätte, den Lujan-Ablagerungen, wo man die meisten *Macrauchenia-*, *Doedicurus-* und *Megatherium*-Überreste gefunden hat. Kot, ja selbst Fell und Haut des *Megatherium* sind auch in Höhlen in Chile gefunden worden, und bei Pehuen in Argentinien entdeckte man perfekt erhaltene Fußspuren. Gut erhaltene Fossilien der Smilodonten fanden sich an der Ostküste Südamerikas. Zusätzlich nutzten wir Ergebnisse der Untersuchungen von *Smilodon*-Funden, die aus den Asphaltsümpfen von Rancho La Brea in Kalifornien stammen. Die insgesamt eher seltenen *Phorusrhacos*-Fossilien wurden vor allem im Süden der USA gefunden. Eine kürzlich in Florida entdeckte Art lässt vermuten, dass dieser Vogel möglicherweise Krallen tragende Flügel besaß.

Kapitel 6

Die gefrorenen Kadaver des Mammuts und des Wollnashorns, die man im Permafrost entdeckt hat, ermöglichen es, das Aussehen dieser Tiere zu rekonstruieren, und liefern Informationen über ihre Ernährung. Die Beobachtung heutiger Elefanten und Nashörner ergab Hinweise auf ihr Verhalten. Vollständige Skelette des Riesenhirsches und des Höhlenlöwen sind in vielen Regionen Europas gefunden worden. Heutige Hirsche und der Löwe lieferten das Anschauungsmaterial für das Verhalten der Tiere. Es gibt Tausende von Fundorten des Neandertalers und des Cro-Magnon-Menschen, aber wir haben uns auf Lagerplätze konzentriert, die man im Elsass, der Dordogne und auf Gibraltar entdeckt hat. Aufschluss über die Fertigkeiten und das Sozialverhalten gaben Untersuchungen dieser Lagerplätze sowie die Erforschung moderner, primitiver Gemeinschaften. Viele der Informationen über die Ortswechsel wurden Forschungen über das Verhalten arktischer Stämme entnommen. Funde auf der Kanalinsel Jersey, wo man bei La Cotte de St. Brelade einen Lagerplatz des Neandertalers ausgegraben hat, erlaubten Rückschlüsse auf die Mammutjagd.

Behrensmeyer, A. K. u. a.: *Terrestrial Ecosystems Through Time*, University of Chicago Press 1992
Benton, M.: *The Rise of the Mammals*, Eagle Editions 1998
Benton, M.: *Vertebrate Palaeontology*, Blackwell 2000
Fleagle, J. G.: *Primate Adaptation and Evolution*, Academic Press 1988
Fortey, R.: *Life – An Unauthorised Biography*, Flamingo 1998
Gould, S. J.: *The Book of Life*, W. W. Norton & Co. 2001
Jones, S., Martin, R., Pilbeam, D. & Bunney, S.: *The Cambridge Encyclopaedia of Human Evolution*, Cambridge University Press 1994
Lister, A. & Bahn, P.: *Mammoths*, Boxtree 1995
McKie, R.: *Apeman – The Story of Human Evolution*, BBC 2000
MacDonald, D.: *The Encyclopaedia of Mammals*, Equinox Ltd 1989
MacDonald, D.: *The Velvet Claw – A Natural History of the Carnivores*, BBC 1992
Mellars, P.: *The Neanderthal Legacy*, Princeton University Press 1996
Norman, D.: *Prehistoric Life*, Boxtree 1994
Palmer, D.: *The Marshall Illustrated Encyclopaedia of Dinosaurs and Prehistoric Animals*, Marshall Editions Ltd. 1999
Palmer, D.: *Atlas of the Prehistoric World*, Marshall Editions Ltd. 1999
Prothero, D. R.: *The Eocene-Oligocene Transition – Paradise Lost*, Columbia University Press 1994
Schaal, S. & Ziegler, W.: *Messel – An Insight into the History of Life and of the Earth*, Clarendon Press 1992
Spinar, Z. V.: *Life before Man*, Thames and Hudson 1996
Stringer, C. & Gamble, C.: *In Search of the Neanderthals*, Thames & Hudson 1995
Thewissen, J. G. M.: *The Emergence of Whales*, Plenum Press 1998
Turner, A. & Antón, M.: *The Big Cats and their Fossil Relatives*, Columbia University Press 1997
Zimmer, C.: *At the Water's Edge – Macroevolution and the Transformation of Life*, Simon & Schuster 1998

Register

Kursiv gesetzte Zahlen verweisen auf Abbildungen.
Fett gesetzte Zahlen verweisen auf Textkästen.

Danksagung

Um ein Buch wie dieses zu produzieren, braucht es ein Team höchst fähiger Mitarbeiter. Mein ganz besonderer Dank gilt Mike Milne, der das 3-D-Team von Framework leitete und dessen Können diese Bilder möglich machte, sowie bei Jasper James, dem Leiter des BBC-Teams, das die Fernsehserie zu diesem Buch gedreht hat. Bedanken möchte ich mich auch bei den Landschaftsfotografen Mike Pitts, Mark Duffy, Ernie Janes und vor allem Ian McDonald, deren Hintergrundbilder die Basis für alle Abbildungen bilden. Weiterhin danke ich Jez Harris und seinem hervorragenden Team für die Anfertigung der Tiermodelle. Ein großes Dankeschön auch an die zahlreichen Wissenschaftler, auf deren Arbeit dieses Buch basiert, besonders an Dr. Alex Freeman und Dr. Paul Chambers, den wissenschaftlichen Mitarbeitern der Fernsehserie. Zu guter Letzt danke ich meiner wunderbaren Frau Clare, die viele arbeitsreiche Nächte erdulden musste und unsere vier Kinder in Schach gehalten hat, damit ich das Buch schreiben konnte.

TIM HAINES

Ich möchte mich bei meinem Team talentierter Künstler bedanken, die mir geholfen haben, dass die Bilder so gut wurden, wie ich es nie zu hoffen gewagt hätte. An erster Stelle gilt mein Dank Martin Macrae und meinem Bruder Jason Horley, die hervorragende Arbeit bei der Darstellung der Hautstruktur der Tiere geleistet haben. Danny Geurtsen und Virginie Degorgue danke ich für ihre Hilfe beim Malen der Tierhäute, David Hulin, Richard Ducker sowie Rob Farrar dafür, wie sie die Tiere in Szene und Licht gesetzt haben. Mein Dank gilt auch Sarah Tosh, David Marsh und dem Team, das die digitalen Modelle hergestellt hat, John Veal, Oliver Cook und James Isles, die alles taten, um die bedrohlich näher rückenden Termine einzuhalten. Ein großes Dankeschön geht an Mike Milne und Sharon Reed, die es mir ermöglicht haben, diese Aufgabe zu übernehmen. Zum Schluss danke ich meiner Frau Aki, die meine Leidenschaft für alles, was prähistorisch ist, toleriert, dafür, dass sie unsere Tochter Emi genau dann auf die Welt gebracht hat, als die Arbeit an diesen Bildern beendet war – perfektes Timing!

DAREN HORLEY

Bildnachweis

BBC Worldwide und die Egmont vgs verlagsgesellschaft danken den folgenden Fotografen für die Bereitstellung und Abdruckgenehmigung der verwendeten Bilder. Wir haben uns bemüht, alle Copyright-Ansprüche zu berücksichtigen. Sollte uns dennoch ein Fehler unterlaufen sein, bitten wir dafür um Entschuldigung.

S. 26 (oben) Oxford Scientific Films © Daniel J. Cox, (unten) Robert Harding Picture Library; S. 27 (links) Bruce Coleman Collection © Alain Compost, (rechts) Ardea London © Ferrero-Labat; S. 30 © Spurlock Museum, Illinois; 37 (oben) Robert Harding Picture Library, (unten) Naturmuseum Senckenberg/Frankfurt a. M., Forschungsstation Messel; S. 44 (oben) Ardea London, (unten) Naturmuseum Senckenberg/Frankfurt a. M., Forschungsstation Messel; S. 56–57 Naturmuseum Senckenberg/Frankfurt a. M., Forschungsstation Messel; S. 58 Corbis Images; S. 64 Bruce Coleman Collection © Marie Read; S. 65 (oben) Bruce Coleman Collection © Pacific Stock (unten), Ardea London (links) © Bill Coster, (unten rechts) © Ron and Valerie Taylor; S. 68 Mary Evans Picture Library; S. 80 (oben) Bruce Coleman Collection © Dr.Hermann Brehm, (unten) American Museum of Natural History, New York, (Special Collections); S. 86 (links) University of Michigan Exhibit Museum, (rechts) & S. 87 Vincent L Morgan and Katherine P Morgan, The Granger Papers Project; S. 88 (oben) Bruce Coleman Collection © Alain Compost, (unten) Oxford Scientific Films © Stan Osolinski; S. 96 University of Michigan Exhibit Museum © (oben) Holly Smith; S. 104 (oben) © BBC 2001; S. 105 (links) Bruce Coleman Collection © Joe McDonald, (rechts) Ardea London © Liz Bomford; S. 107 Fortean Picture Library, (Mitte) © Richard Svensson, (unten) © Tony Healy; S. 116 Scott E Foss, John Day Fossil Beds National Monument, Oregon; S. 121 (links) The Art of Wildlife Images © Frank Krahmer, (rechts) © Peter Dazeley; S. 130–131 Courtesy of the Department of Library Services, American Museum of Natural History, New York, (Special Collections) Fotos: Shackelford; S. 133 (oben) Robert Harding Picture Library, (unten) © Dick Mol; S. 140 Robert Harding Picture Library (links) © Jeremy Lightfoot, (rechts) © Robert Francis; S. 146 (oben) Bruce Coleman Collection © Anders Blomqvist; S. 147 (oben) Ardea London © François Gohier, (unten) Sylvia Cordaiy Photo Library; S. 150 (oben) mit freundlicher Genehmigung der Royal Photographic Society Picture Library, Bath photo: Muybridge, (unten) Oxford Scientific Films © Konrad Wothe; S. 153 (oben Mitte) Science Photo Library © Sheila Terry (oben rechts) Still Pictures © Roland Seitre (unten) Oxford Scientific Films © Steve Turner; S. 154 Science Photo Library (oben) © Rocher Jerrican, (unten) © John Reader, (unten rechts) © Volker Steger/Nordstar; S. 168 (oben) Ardea London © François Gohier, (unten links) Department of Palaeontology and Palaeo-environmental Studies, Transvaal Museum, Pretoria, South Africa, (unten rechts) Natural History Museum, London; S. 172 Ardea London (oben) © M. Neugebauer, (unten) © Kenneth W Fink; S. 176 (oben links) Institute of Human Origins, Arizona State University © Enrico Ferorelli; S. 176–177 Science Photo Library © John Reader; S. 186 (oben) Ardea London © Yves Bilat;186–187 Robert Harding Picture Library © Frans Lanting, (rechts) Ardea London © K. W. Fink; S. 190 (oben) BBC Natural History Unit Picture Library © C. Seddon, (unten) Courtesy of the George C. Page Museum, Los Angeles © Ed Ikuta; S. 201 (links) Ardea London © Adrian Warren, (rechts) Bruce Coleman Collection © Stattan Widstrand; S. 212 Natural History Museum, London; S. 213 (links) The University of Leeds, School of Biology (rechts) Still Pictures © Jany Sauvenet; S. 216 Mary Evans Picture Library; S. 224 (oben) Still Pictures © François Pierrel; S. 225 Ardea London (links) © M Watson, (rechts) © François Gohier, S. 236 (oben) Hulton Archive (unten) Novosti Photo Library; S. 237 Ardea London (oben) © Masahiro Iijima; S. 239 © Instituto Português de Arqueologia, Lisbon; S. 249 (links) Dr. Hartmut Thieme, Niedersächsisches Landesverwaltungsamt, Institut für Denkmalpflege, Hanover (rechts) Werner Forman Archive/Tanzania National Museum, Dar es Salaam; S. 253 (unten links) Science Photo Library © D. A. Peel, (oben rechts) Bruce Coleman Collection © Astrofoto, (unten rechts) Ardea London © Jean-Paul Ferrero; S. 254 (oben) Science Photo Library/Nairobi National Museum © Sinclair Stammers, (unten) Werner Forman Archive/British Museum, (unten rechts) Natural History Museum.